国家藝術基金
CHINA NATIONAL ARTS FUND

传承与创新设计人才培养』［项目批准号：2019—A—04—（131）—0673］

国家艺术基金2019年度艺术人才培养资助项目『鄂西土家族吊脚楼传统工艺

U0170955

鄂西土家族吊脚楼营造技艺

赵衡宇 ◇ 著

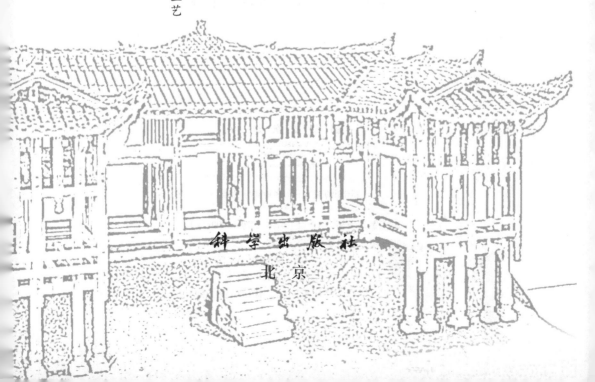

科学出版社
北　京

内 容 简 介

土家族吊脚楼营造技艺是国家级非物质文化遗产，具有很高的研究价值。本书分为上、下两篇，分别从传习与发展两个方面展开阐述。上篇旨在阐释土家族吊脚楼独特的营造技艺的价值和文化魅力，介绍土家族吊脚楼的相关知识和营造经验；下篇以具体案例探索民族建筑创新与再生之路，为进一步研究土家族吊脚楼创新转化提供翔实的资料和实践参考。

本书具有较高的参考价值，主要面向关注民族建筑技艺与文化等领域的专家学者、高校师生和设计人员，也可为热爱民族建筑的人士提供参考。

图书在版编目(CIP)数据

鄂西土家族吊脚楼营造技艺 /赵衡宇著. —北京：科学出版社，2023.11
ISBN 978-7-03-076961-9

Ⅰ. ①鄂⋯　Ⅱ. ①赵⋯　Ⅲ. ①土家族-民族建筑-建筑艺术-研究-湖北　Ⅳ. ①TU-092.873

中国国家版本馆 CIP 数据核字(2023)第 216037 号

责任编辑：杜长清　张　文 / 责任校对：姜丽策
责任印制：吴兆东 / 封面设计：润一文化

科 学 出 版 社 出版
北京东黄城根北街 16 号
邮政编码：100717
http://www.sciencep.com
北京市金木堂数码科技有限公司印刷
科学出版社发行　各地新华书店经销
*
2023 年 11 月第 一 版　开本：720×1000　1/16
2025 年 2 月第三次印刷　印张：15 1/2　插页：4
字数：306 000
定价：118.00 元
(如有印装质量问题，我社负责调换)

作 者 简 介

　　赵衡宇，设计学博士，武汉工程大学"工大学者"特聘教授、硕士生导师，湖北省高校人文社科重点研究基地"生态环境设计研究中心"常务副主任。研究方向为建筑遗产、非遗保护等。近五年主持国家级课题 2 项、省部级课题 5 项，完成世界遗产唐崖土司城遗址景观设计、海南五指山袍隆扣黎祖大殿室内设计，举办"从北城到南城——老武昌人居影像系列展"等，在《建筑学报》《装饰》等核心期刊发表论文 50 余篇，出版有《城市移民人居空间自组织机制下的"城中村"研究》《红房子》等专著。

序　一

　　该书介绍了鄂西土家族吊脚楼营造技艺，从传承与创新设计两个方面做了梳理与分析。鄂西土家族是湖北少数民族的重要一支，土家族是古代濮人的后代，土家族的吊脚楼别有特色。在少数民族建筑文化中，吊脚楼是适应山区坡地的一种建筑产物，在今天山区的新农村建设和新型城镇化建设之中，它仍然是一种智慧的存在。因此，我们不但要了解吊脚楼的历史和它的传统技艺，予以继承，还要在新的时期继续研究，并有所创新。我相信我们将培养一支吊脚楼设计队伍，并在山区少数民族的现代化进程中发挥重要作用，这将为湖北少数民族文化的研究与传承创立下重要功绩。

荆楚建筑学者、《华中建筑》原主编

高介华

序　二

　　鄂西土家族吊脚楼营造技艺精湛，是一份孕育了丰厚地域文化价值的非物质文化遗产，是土家族先民构木为巢的积淀和生活智慧的结晶。

　　土家族吊脚楼的最大特征是全木结构，它标志着木结构建造技术的成熟和辉煌。随着现代工业化的发展，现代材料和结构的普及，传统木结构建筑日渐式微。记录和继承传统民居的营造工艺，将这些即将失传的非物质文化遗产传承下去是如今我们这代人的荣幸，也是我们理应担当的历史责任与使命。

　　随着学界对土家族吊脚楼建筑的深入研究，探究其结构特征、技术手法、营造流程及思想有助于我们全面了解民居建筑本身的整体价值。这对于土家族吊脚楼的修复、再现、继承都有着重要意义。

　　该书首先以建构的视野看待传统建筑的建造体系，将关注点转向对博大精深的木结构营造技艺的挖掘、记录、解码和整理，从风格的解读走向建筑物（器）的诠释。

　　其次，该书重构了营造观。通过在当代语境下对传统技艺进行转化，从建造的本质思考工匠精神和精髓。

　　最后，该书探究了传统建造系统中更深层次的内涵，如相互协作、共同探讨、循序渐进的文化因子。建筑师角色的再定位也是需要进一步探讨的重要内容。传承优秀非物质文化遗产是我们这一代建筑师义不容辞的责任。

北京工业大学建筑与城市规划学院教授

胡惠琴

序　三

　　该书专注于鄂西土家族吊脚楼营造技艺的传承与创新，在选题上符合当前时代发展的需要，是对党中央一系列关于加强文化自信，加强文化遗产保护传承，以及乡村振兴等重要指示精神的具体实践，是针对这方面建设人才短缺所采取的有效解决方式。

　　该书目标明确，针对性强，理论与实际结合紧密，内容丰富，扎实严谨，有利于提高相关专业人员的理论水平和实操技艺。

　　鄂西干栏民居具有鲜明的民族特色和地域特色。该书总结了鄂西土家族传统吊脚楼文化，对传统工艺的保护传承具有积极作用，直接推动了该地区少数民族特色村寨、传统村落、传统建筑的保护与宣扬，其内容成果对其他民族地区和广大乡村的文化遗产保护、建设人才的培养等方面都具有重要而普遍的现实意义。

中国民族建筑研究会专家委员会主任

李先逵

前　言

　　鄂西地区，山高水远，云淡风轻。一座座大山里，点缀着一幢幢土家族吊脚楼，它是土家族人的精神堡垒。吊脚楼营造技艺是国家级非物质文化遗产，是民族文化的一块瑰宝。但今天，吊脚楼工艺被人逐渐淡忘遗弃，面临着无人传承的困境，令人十分惋惜。

　　笔者对鄂西干栏民居的关注始于 2015 年，一次偶然的机会来到恩施土家族苗族自治州（以下简称恩施州），由于自己是建筑学专业出身，便对土家族干栏民居产生了很大兴趣。2019 年获批国家艺术基金项目，在项目实施过程中，笔者将多年来对鄂西土家族干栏民居营造的传统技艺的调研挖掘成果进行了整理，与来自全国各地的 35 名学员进行了分享。师生饱含热情，以弘扬工匠精神为信念，经过教学研究、采风考察、实践合作等一系列辛苦劳动，并积极运用现代设计智慧进行创新、转化呈现，创作了一批精美的作品。蓦然回首， 2015 年至今，笔者先后和很多同事、朋友、学生在武陵山中问道学艺，进行了大量传统建造的田野考察，测绘了 1000 多栋房屋，访谈了 50 多位民间工匠，探访了 10 余个工地现场，画了数千余张图纸，做了 100 多个模型。这些所得所感也部分收集整理到本书中。

　　本书沿着传习与发展的脉络分上、下两篇，上篇为"营建基础""匠技承传""自然符码""建房仪式"四部分，阐释了土家族吊脚楼建造的技艺与文化；下篇基于"干栏变迁""旧木新生""创新在途""去伪存真"的实践主题，对民族建筑的创新与再生之路进行深入的再思考。

本书的编写历时较长，这些第一手的资料、多视角的理论和丰硕的实践成果均来自笔者的研究团队，尤其需要感谢的是掌墨师和民间手艺人的倾囊传授，那些老匠人眼眸中的期待，还有那些留守百年老屋的老人的殷殷之情，永难忘记。

需要说明的是，土家族吊脚楼的营造技艺，不仅是一门精湛的手工艺，更是土家族民俗文化和精神传承的重要载体。无论是那些营造口诀、福事，还是营造符号中包含的吉祥之意，都深深寄托了土家族人民的美好愿望和深厚情感。这些民俗和心理层面的内容，虽然无法通过科学方法进行验证，但在实际建造过程中却发挥着重要的作用。它们不仅规约着吊脚楼的营造过程，更传递着土家族人民对于和谐、美好的不懈追求。因此，我们应该更加珍视和传承这一独特的营造技艺，让其在现代社会中继续发扬光大，为土家族文化的繁荣和发展做出贡献。

通过本书，相信读者能够更深切、更具体地感受到土家族干栏营造之"美"，感受到乡建之美、手艺之美、生活和家园之美。拜师做内行，明日彩华堂。相信本书对于鄂西土家族吊脚楼营造技艺的研究成果将进一步弘扬多民族传统营造的精神，使其辐射到更广阔的地域，谱写出更多更美的民居华章。

赵衡宇

目　录

序一（高介华）
序二（胡惠琴）
序三（李先逵）
前言

传 习 篇

第一章　营建基础 ··· 3
　　第一节　类型结构 ·· 3
　　第二节　工序技法 ·· 15
　　第三节　榫卯技艺 ·· 28

第二章　匠技承传 ··· 37
　　第一节　匠作体系 ·· 38
　　第二节　手艺家什 ·· 45
　　第三节　模型管窥 ·· 54

第三章　自然符码 ··· 65
　　第一节　自然崇拜 ·· 65
　　第二节　构件装饰 ·· 80
　　第三节　解码重构 ·· 93

第四章　建房仪式 ··· 100
　　第一节　匠语口诀 ·· 100

第二节　福事说唱 ··· 110

第三节　符号互动 ··· 119

发 展 篇

第五章　干栏变迁 ··· 131

　　第一节　屋面之变 ··· 131

　　第二节　多元融合 ··· 139

　　第三节　石木交响 ··· 149

第六章　旧木新生 ··· 160

　　第一节　拆建朝门 ··· 160

　　第二节　朽木新芽 ··· 170

　　第三节　核桃圆记 ··· 174

第七章　创新在途 ··· 177

　　第一节　元素创意 ··· 178

　　第二节　日用小品 ··· 183

　　第三节　新型干栏 ··· 189

第八章　去伪存真 ··· 199

　　第一节　保护困境 ··· 199

　　第二节　风貌变异 ··· 204

　　第三节　正本清源 ··· 212

附录一　麻柳溪论坛 ··· 221

附录二　光谷研讨 ··· 223

附录三　还乡巡展 ··· 225

附录四　学艺感言 ··· 228

附录五　说福事 ··· 231

后记 ··· 233

传习篇

———— 第一章 ————

营 建 基 础

　　土家族历史悠久，世居鄂、湘、渝、黔毗连的武陵山区。1956 年 10 月，国家民族事务委员会正式确定土家族为单一的少数民族。土家族热爱故土家园，他们的干栏民居营造技艺在千年的繁衍生息中不断发展成熟。

　　鄂西武陵山区主要包括恩施州下辖的恩施、利川两市和来凤、建始、巴东、鹤峰、宣恩、咸丰六县，以及宜昌市下辖的长阳土家族自治县和五峰土家族自治县。鄂西干栏民居，民间俗称"吊脚楼"，是南方干栏建筑的重要代表。它融汇创新，展现了民族建筑的独特魅力。吊脚楼这一传统民居样式是由土家族、苗族、汉族等多民族共创、共享的，经历了长期历史演化，形成了极具代表性和多样性的特色风貌，这是地域性自然因素与跨域性的文化因素深度交互融合的结果。

　　"土家族吊脚楼营造技艺"是国家级非物质文化遗产代表性项目。时至今日，吊脚楼在武陵山深处仍有建造，它是一门"活"的技艺。从传承的角度来看，我们有必要对其建筑类型、结构、技艺流程等营造基础进行学习，尤其需要从工匠的视角认知、理解，本章将基于具体的营建基础知识进行分析讨论。

第一节　类 型 结 构

一、平面类型

　　鄂西地区属于广袤的长江中下游地带，传统民居均具有南方民居的典型特点。最基本的空间形制一般为正屋三间，中间为堂屋，两侧为耳房。厕所、厨房等辅助用房多被安排在房屋的侧面或者后部。土家族干栏建筑强调适应山形地势，因场地条件类型多变、风格各样，其平面组合和空间形式既丰富多彩，又呈现较强的规律性，常见的平面类型有以下四种。

其一，"一"字形（也称为扁担挑）。该类型是正屋一字排开的形式，建筑分布广泛，在鄂西等地较为常见。正屋通常建在同一水平面地基上，一般为三开间，但也有五开间、六开间、七开间的，正屋前常常留有较为宽阔的平地（晒台），当地称为"坝子"，为日常室外活动与晾晒农作物的地方（图1-1）。

图1-1　"一"字形房屋[①]

其二，"钥匙头"单吊式（平面L形）。该类型是在"一"字形基础上加建一间厢房（也称为横屋），形成垂直关系。其平面主次分明，功能强大。横屋没有固定尺寸样式，主要依据正屋，也可根据实际地形灵活变化，但一般不大于正屋。如果为吊脚形式，通常在顶部通风层堆放农具、粮食、杂物，中间层住人，也可作为厨房杂物间，下部悬空的空间则多用于养家禽、牲口（图1-2）。

图1-2　"钥匙头"吊脚楼模型

在结构上，横屋与正屋出现了交接现象。作为重要的结构构件，纵横排扇相

---

① 书中未标图片来源的均为笔者拍摄或绘制。

交处的柱子"冲天炮"为建筑屋顶和形体转折起了支撑作用，这也是鄂西土家族干栏建筑合院不同于其他地区合院民居的最大特色。在"钥匙头"单吊式建筑中，厢房位于正屋的一侧，受山地地势影响，如果悬吊部分太多，会增加建造成本，因此厢房通常较短。厢房以左手为大。如果厢房位于西面，在夏日午后能够遮挡炎热阳光，给合院创建庇荫的空间；如果建于左侧，则要遵循"左手为大"的规矩，但均要根据实际地形条件来确定。

其三，"撮箕口"（平面"凹"字形），或称为"双吊式""二边起吊"。该类型是单吊式的升级版，即左右两边都有吊脚厢房，形成"凹"字形的平面布局。"撮箕口"是三合院建筑，能适应家庭人口和经济条件变化：先建好"一"字形正屋，若家庭人口增加，则可拓展空间，逐步加建两边的厢房，形成"撮箕口"。这充分展现了建筑生长的弹性空间原理。另外，很多"撮箕口"在三边围合的基础上加建一道"朝门"（院子门），形成四边围合的合院。该类型样例及各部分名称如图 1-3 和图 1-4 所示。

图 1-3 "撮箕口"吊脚楼建筑模型

图片来源：黄俊拍摄

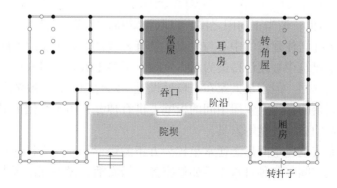

图 1-4 "撮箕口"各部分名称

其四，"四合水"（平面"回"字形）。该类型是在双吊式"撮箕口"的建筑基础上发展而来，正屋前面再加建一排房屋，形成前厅后堂，把左右两头厢房连接在一起形成四合院，其连接处的建筑也可以为"朝门"。"四合水"类型比较少见，如咸丰县蒋家花园（图1-5）、游家院子，利川市大水井也属于此类。

图 1-5　蒋家花园"四合水"吊脚楼

从"一"字形、"钥匙头"、"撮箕口"到"四合水"，体现了建筑单体逐步生长、围合为院落格局的完整过程。无论是"钥匙头"这种初期的围合，还是更大型的多进院落如"两进一抱厅""四合五天井"，都是生活住居功能逐步完善，最终成为完美生活院落的历程。

二、空间功能格局

居住空间体现了人们经验世界的日常生活与超验世界的生命意义的和谐一体。这在鄂西传统民居空间中体现得尤为显著。

1. 堂屋

"堂者，当也，谓当正向阳之屋，以取堂堂高显之义。"[①]

堂屋是传统居住建筑的中心与灵魂，具有公共性。为了显示家族的荣耀，堂屋通常在整个建筑中被设计得最为高大宽敞。很多土家族堂屋入口不设大门，强调礼仪且出入方便，但富足人家在入口处设置"六合门"，一般情况下仅中间两扇门打开，其余的常闭。堂屋中间的板壁上供有神龛，用于祭祀祖宗。神龛下面通常会设有八仙桌、长凳等家具。

鄂西土家族堂屋空间形态通常呈较为方正的矩形平面。乡村的堂屋通常是一个多功能的大空间，各种日常生活如做家务、做农活、操办红白喜事等常在堂屋

---

① （明）计成原著，陈植注释：《园冶注释》（第二版），中国建筑工业出版社1988年版，第83页。

中进行。如其名称所示，堂屋"神龛""香火"是与旁边的"人间"①相对应的。也就是说，堂屋并不是用来住人的，而主要是祭祀与礼仪场所。根据当地民俗，堂屋后部分（退堂）一般也不住人，只用于存放杂物。

鄂西有两种常见的堂屋格局（图 1-6）：一种是进门处设置吞口，大门退后一步，神龛位于最后面的板壁上。这是传统的标准堂屋。另一种堂屋，板壁向屋内退两步水距离②，入口不设门槛，借用房前的阶沿空间，形成方正的矩形平面，当地称之为"敞口天堂屋"。敞口就是半开敞的阶沿空间。两种格局均可以得到方正的堂屋形态，这是土家族干栏民居建筑不断调适、长期演化成熟的结果。

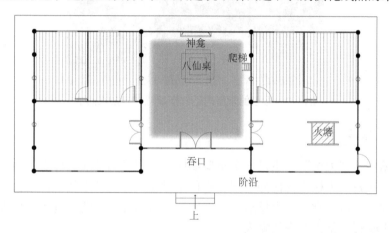

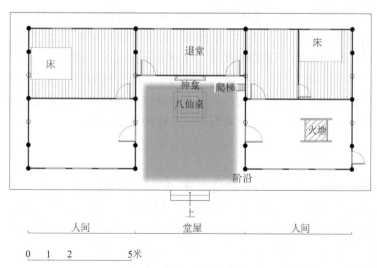

图1-6 堂屋两种方正格局样式示意

---

① "人间"又称耳房、偏房，与神壁相互对应，从中可以理解堂屋的神圣意义。

② 两步水通常为 2 米左右，通常可以作为小隔间使用。

方正的堂屋不仅外观工整、端庄，容易形成空间场所的凝聚感，而且具有很好的实用功能，如堂屋空间中的仪式活动和宴席设置（图1-7）。

图1-7　方正的堂屋内适宜摆放三或四张八仙桌

2. 火塘房

火塘房（"火坑"）也是一个重要场所，不仅是当地居民传统生活起居的功能空间，还是一个核心的信仰空间。它位于堂屋一侧的"人间"，是公共区域到私密空间的过渡（堂屋—火塘房—歇房）。一般情况下，能够进入耳房围着火塘一起生火吃饭的是最亲密的家人。

火塘房通过窗户采光，光线比堂屋暗一些。火塘的烟通过楼板（当地称"楼格子"）的缝隙垂直向上，经过上层屋架空隙或鸦雀口排出。火塘房的主要作用有日常烹饪、照明取暖、促膝聊天等。火塘可保存火苗，维持日常生活需求。火塘上悬挂的木架，通常放置一些辣椒、猪肉、鱼肉进行烟熏烘烤、除湿驱虫，经过这样处理的食材能保存更长久。此外，火塘也是祭祀神灵的重要场所。土家族火塘房的使用，反映了南方少数民族居住文化的典型特征。

3. 其他空间类型

转角屋：正屋和厢房的转折衔接部分，民间通常称之为"抹角"或"转角"。转角屋的空间结构由一个或两个"半列子"相交组成，它一边连接正屋排扇，一边连接厢房排扇，形成宽敞又实用的活动空间（实用面积比堂屋空间大），通常作为厨房、舂米处、储物间，在"半列子"转折的"伞把柱"下布置火塘，上方的鸦雀口有利于排出烟尘，是非常古老的民居形式。

厢房：也称"横屋"。其一面与主屋转角部分相连，在山坡地形影响下可作为吊脚楼形式，减少占地。厢房悬山屋面尽端处，与雨搭延长呈45度斜角交汇并略微翘起（类似歇山顶），称为"丝檐"（或"罳檐"）。"撮箕口"吊脚楼有东西两个厢房①，为了出行便利，两厢房都会设置靠近堂屋的独立入口。厢房下部空间架空，用于圈养猪牛等，下吊的落地柱与简易木板的围合，可以进一步划分圈养空间。

阁楼：具有储藏功能的屋顶层空间。土家族民居多为两层，一般除了堂屋和转角屋空间中空外，其余"人间"（包括火塘房）、厢房的上部分均铺上木板或竹条，作为屋顶层储物空间。火塘可以烘干储藏的玉米、红薯、土豆，所以中隔板壁（包括山墙板壁）不需要满装，顶部一般留出鸦雀口，使阁楼保持通风干燥，利于防潮和存储粮食。

走栏：又称"扦子"，通常为厢房的外部走廊（类似于现代的阳台）。板壁的位置变化可形成凹廊、外挑廊、内回廊等多种空间。走栏可以为人也为厢房山墙遮挡雨水。走栏的顶部为与山墙搭接的雨搭屋面（檐角起翘者称为"丝檐"），雨搭由子列（较简洁的柱、穿、挑等构件）构成，防止雨水对木质墙壁的腐蚀。比较经典的"走马转角楼"，在吊脚厢房三面设置走栏空间，又称为"转扦子"，人们可以沿廊看四面山景，同时也提升了建筑通透的美感。

院坝：也叫坝子、晒坝，是正屋屋前阶沿下的平坦地面，方便居民晾晒各类谷物及生活杂用。按照传统的院落整体格局，从外部道路进入居民家的堂屋一般要上三次台阶，依次是朝门—院坝—阶沿，即由外到内分为三个标高的空间层次，院坝为各个居住空间的流通提供了捷径，其面积与形状可依实际地形而定。

三、穿斗架结构

穿斗架结构，一般用多根穿枋将密集的柱子（包括落地柱和不落地柱）串联起来，形成排扇（榀架）。沿房屋的进深方向布置榀架，柱上架檩，檩上布椽，屋面荷载直接由檩传至柱，不用梁。每排柱子都被穿枋横向贯穿，而这些穿枋会穿透柱身。同时，每两榀构架之间通过斗枋连接，共同构成一间屋的空间构架。

鄂西传统民居均采用穿斗架结构。这种结构看似简单，但是受力均匀。柱与枋紧密结合，穿枋必须逐个穿过竖向的柱子，这样的结构使建筑整体抗震效果增强。在用料方面，建造一间6米多高的房屋，选用20厘米直径的柱子即可，细梁柱也可做到十分牢固。例如，穿枋穿过檐柱伸出3尺做成挑以承接屋檐，相比官式建筑中的斗拱，方法简明又省料。利用弯曲木料制作成多种类型的构件，充分发挥出每块材料的价值，成为土家族传统营造的一大特色。

掌墨师结合实际场地大小、环境状况，以传统穿斗架作为设计原型，继而设

① 西厢房可以为"闺女房"，东厢房主要是儿子或长兄居住，但在普通人家，并不严格限定。

计发展出多种形式、变化丰富的大木构架。其中，榀架可以分为对称式和非对称式（图 1-8）。常规对称式榀架以中柱为轴，前后严格对称，通常有三柱二骑、五柱二骑、三柱四骑、五柱四骑；非对称式榀架在中柱前后柱（包括骑柱）的数量不一致，不影响屋前的采光，大木构架有三柱五骑、五柱五骑、四柱四骑、四柱七骑等。在鄂西土家族地区，这种前高后低、后半部进深大的房型从形态上呈现稳固、盘踞的形态，被称为"虎坐屋"，被赋予了一定的风水内涵。

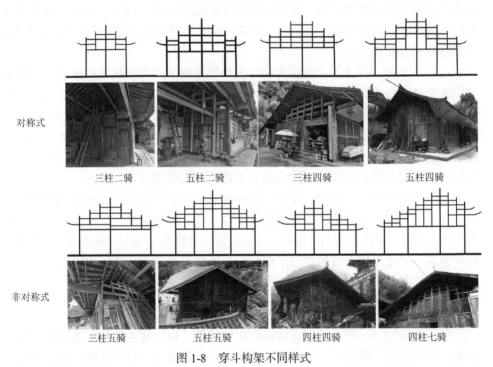

图 1-8 穿斗构架不同样式

正屋：正屋排扇五柱二骑，正屋四排三间。堂屋开间最大。

抹角屋：由一或两个"半列子"构成。

厢房：两厢房均为一间，厢房三柱二骑，吊脚楼形式。

在"撮箕口"柱网平面图（图 1-9）中，吊脚楼由正屋与两个厢房（横向）组成，以中间为轴线左右基本对称，围合为一个对称式三合院布局。四排三间的正屋最为重要，划分出多个使用空间。正屋中间是堂屋，为使空间入口有缓冲，常采用"吞口"手法，将入口向内退3尺（一步水距离）设置大门。堂屋左右两边称为"人间"，"人间"又分前后间，间隔的板壁与中柱相连，相连后划分出前后两个房间，前部分设置火塘，后部分做卧室（当地称为歇房）。抹角屋（当地也称转角屋）是正屋的延伸，但内部有一纵一横的"半列子"，通过"伞把柱"与厢房相交接。抹角屋内一般做灶屋。厢房内可以住人，做子女房，是正屋功能的扩大。厢房外沿设置走廊，当地称为"走栏""扦子"，用于观景、晾晒，通常一步水宽度。"走栏"上另覆有雨搭，外加若干骑柱、挑等构件承载雨搭。

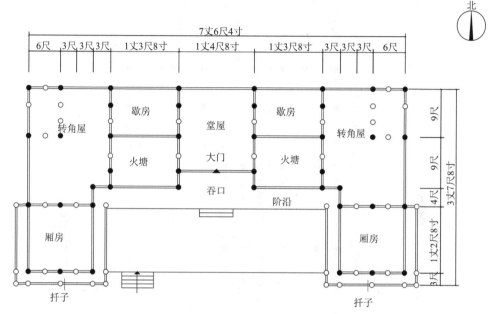

图 1-9 "撮箕口"柱网平面图

四、构件称谓及定位

1. 全屋柱网

本部分仍以"五柱二"转"三柱二"的"撮箕口"排扇为例，根据东、西、前、后的顺序进行四个方位的区分。掌墨师常常将房屋的朝向比作人体的面向，以人站在正屋内面朝前方大门为前，身体背后为后，以左手为东，右手为西，以此为基础阐述各构件的方位名称①。

通常，对称式榀架是非对称式榀架发展的基础和原型。全屋柱网基本采用对称布局，不会出现开间进深不一致、榀架随意变化的情况，如图 1-10 所示，各排扇按照中柱往屋前名称如下。

正屋之东中排扇前半部分构件名称：东中中柱、东中前骑柱、东中前金柱、东中前檐柱。西中排扇各构件名称方位词与之相反。

---

① 判断东西，面朝房屋，右手为大，则为东；在房子里面，以主人的视角，面朝外，则左手为大。楼梯讲究生、老、病、死、苦，最后为生。

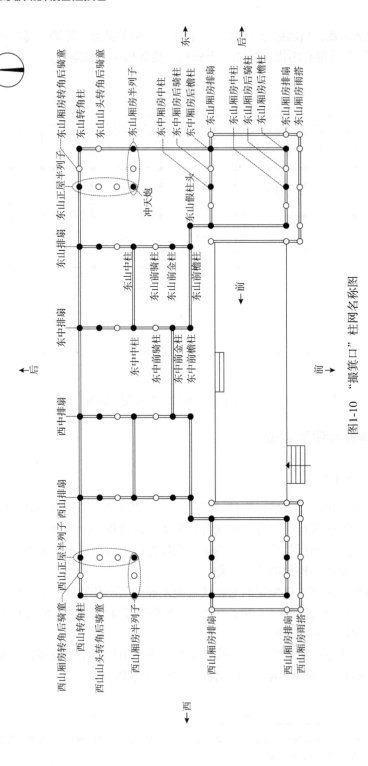

图1-10 "撮箕口"柱网名称图

正屋之东山排扇前半部分构件名称：东山中柱、东山前骑柱、东山前金柱、东山前檐柱。西山排扇各构件名称方位词与之相反。

东中厢房排扇东（后）半部分构件名称：东中厢房中柱、东中厢房后骑柱、东中厢房后檐柱。西中厢房排扇各构件名称方位词与之相反。

东山厢房排扇东（后）半部分构件名称：东山厢房中柱、东山厢房后骑柱、东山厢房后檐柱。西山厢房排扇各构件名称方位词与之相反。

位于正屋与厢房抹角屋（东边）排扇构件名称：东山正屋"半列子"、东山厢房"半列子"、"伞把柱"（东山转角柱）、东山假柱头。西边位置的构件名称方向命名与之相反。

全屋的柱子、穿枋、角挑都被掌墨师赋予了名称，即每个构件都有特定的称谓。针对各个构件的特别称谓，同时兼有保护匠系内部机密信息的目的，木匠师傅发明了一种行业专用字符"木匠字"（图 1-11）。为了能快速识别与安装构件，每个构件会在其表面记录名称，"木匠字"一般使用连笔。对于笔画多的字，匠师便化繁为简、同音代替，如"穿"常被改写为"川"等。

| 西中后檐柱 | 西中后金柱 | 西中后骑柱 | 西中中柱 | 西中前骑柱 | 西中前金柱 | 西中前檐柱 |

图 1-11　秀才难认"木匠字"
图片来源：刘安喜书写

2. 正屋构件

本部分以"五柱二"三间（东中、西中、东山、西山共四列榀架）正屋穿斗架为例，详细说明正屋空间的构件组成（图 1-12）。

标准排扇由竖向与水平方向的构件组合而成。竖向的是柱子构件，落地的柱子命名规律由内向外依次为中柱、金柱、檐柱；紧扣在穿枋上，不落地的柱子，称为"瓜柱""骑童"[①]。

———————

① 因类似于孩子骑在大人的肩膀上而得名。

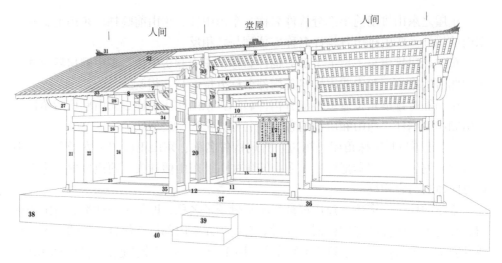

图 1-12　正屋构件名称

注：1 脊檩；2 梁木；3 龙牙细榫；4 天欠；5 灯笼枋；6 看梁；7 檐檩；8 挂枋；9 香火枋；10 大门枋；11 地斗；12 连磉；13 香火板；14 大壁；15 衬方；16 密方；17 神龛；18 鸦雀口；19 楼门；20 耳门；21 檐柱；22 二金；23 瓜柱；24 中柱；25 地穿；26 一穿；27 前挑枋；28 二穿；29 三穿；30 顶穿；31 脊瓦；32 椽皮；33 封檐板；34 楼枕；35 地枕；36 阶沿；37 吞口；38 基座；39 台阶；40 院坝

在穿斗架中，单榀榀架的水平方向（沿建筑横断面方向）的构件是穿（穿枋），构件尺寸往往取决于房屋的深度。各个穿枋根据榀架安装程序分别是地穿、一穿、挑枋（前后挑）[1]、二穿、三穿、顶穿。原理上，横向穿枋数量随着房屋高度增加（五穿以上少见）而增多。鄂西地区，穿枋多为连续"整穿"，二穿通常为"花穿"。所谓花穿，指穿枋并不连贯地穿过所有柱子，或因为缺少整根长料，只好上下错开，或在局部两根柱子间省略一段，此处省略的目的是方便居民上楼通行。

斗（逗[2]）枋是建筑纵方向的构件，其长度通常为建筑开间，是各个排扇之间的联系构件，起到纵向上排扇的稳固、联系作用。斗枋构件自上而下为梁木（位于堂屋）、天欠[3]（位于耳房），天欠略低于梁木；灯笼枋 1 根或 2 根（前后对称）、檩子下的各个挂枋；天落檐（大门枋与神壁枋，大门枋高出 8 分）[4]；楼枕（各楼枕同高）；地斗（又称为地欠、地落檐[5]）；地枕。

从结构设计角度来看，地斗与地穿两类构件在地面部分的同一平面上垂直相交，从而加强了榀架下部的稳固性，也是匠人进行建筑空间定位的基准处。

---

① 前后挑也是穿、挑一体化的设计。

② 湖北方言，"逗"是拼接起来的意思。

③ 咸丰县当地也有称为"鸳欠"，指的是端部造型像鸳鸯，成双出现。也有地方称为"天牵"。

④ 大门枋又称为前落檐，神壁枋又称大壁枋、后落檐、香火枋。

⑤ 地落檐位于大门下的又称为门槛枋。但出于实用考虑，常常不设大门槛。

房屋上部是檩子及其挂枋，前后檐口的封檐板不属于斗枋，它与檐檩之间的距离称为"出檐"，用于固定椽板、挡雨，属于屋面体系。

在堂屋中部，灯笼枋、屋脊梁木以及其他纵向构件一起构成一个三角形，将堂屋两边屋架牢牢固定住，整体在穿斗架的结构受力上是很合理的。

穿斗架多为杉木，防蛀性好。由于柱身需要通榫穿透，因此需要考虑用材大小、承载能力，通常不加多余的雕饰。柱、穿、枋各个构件尺寸均需全盘考虑，依据尺寸开山取料，如柱料需要考虑不同高度和直径；穿枋需要长料，成对成组；檩子和斗枋落檐需要考虑开间跨度。表 1-1 中列举了一栋房屋的构件常用尺寸，该屋的屋高（堂屋东中柱高度为屋高）为 1 丈 6 尺 8 寸。

表 1-1　构件的常用尺寸

构件	尺寸	构件	尺寸	构件	尺寸
地穿	5 寸×2 寸×1 丈 8 尺	伞把柱	（5~8 寸）×1 丈 7 尺 4 寸 8 分	梁木	2 寸 8 分×（5 寸 8 分~6 寸 8 分）
一穿	5 寸×2 寸×1 丈 8 尺	东山柱	（5~8 寸）×1 丈 7 尺 1 寸	天欠	3 寸×1 尺 6 分
二穿	5 寸×2 寸	东中柱	（5~8 寸）×1 丈 6 尺 8 寸 8 分	灯笼枋	5 寸×2 寸
三穿	5 寸×2 寸×1 丈 2 尺	金柱	（5~8 寸）×1 丈 3 尺 8 寸	楼枕	4 寸×1.8 寸×1 丈 3 尺 8 分
顶穿	5 寸×2.8 寸×6 尺	檐柱	（5~8 寸）×1 丈 2 尺 6 寸	天落檐	6 寸×2 寸 2 分×1 丈 4 尺 8 寸
		瓜柱	（5~8 寸）×0.8 丈	地落檐	8 寸×2 寸 2 分×1 丈 4 尺 8 寸

注：尺寸为直径/高×宽×长

第二节　工　序　技　法

对民族传统木构技艺加以继承研究与创新实验，对传统工艺的保护与传承具有积极作用。传统吊脚楼建造技艺深厚，"篙杆"定位、"穿枋"构造、"冲天炮""伞把柱"转角构件，巧妙地解决了线面、角度、承重等难点，是几何、力学、美学的智慧运用。传统营造工序中蕴含深厚的艺术、生态和文化底蕴，以及丰富多彩的民俗事项，如"说福事"①（吉祥话）、祭鲁班、敬山神②等。

吊脚楼的传统建造程序，大致可分前期、中期、后期三个阶段。前期主要任务为相地选址，房主与工匠确定建筑规模、做好工时和预算（一般由房主自备木料）；中期为设计阶段，主要是平面设计和布置、篙杆制作等工作；后期是施工阶段，破土、开料、大木构件制作、立排扇、上梁、上檩子，钉椽匹、

---

① "说福事"跟随时代变化，各代掌墨师会对内容进行适当的艺术化处理。
② 建造分很多步骤，即选址、造屋场、定法稷、立马等。每个步骤都有敬神祭神、祷福祷祥的神圣仪式。

铺瓦，室内外的装饰装修。

一、营造工序

相地：房主事先请风水师选择地理位置，选定建筑朝向。咸丰县吊脚楼选址喜依山就势，前后视野广阔，后有靠山，左右最好有青山环绕。同时风水师根据房主的生辰年命，运用五行八卦来定方位。

备料：房主把相好的地基面整平，配合掌墨师备料。从对房屋设计结果来推算材料，上山"敬山神"，后伐青山木。砍回所有木料后，需要对木料进行分类，"正材为柱，次材为枋"，枋料也要大致分为大枋、穿枋、楼枕、挂枋、挑头、檩子等。

开篙画墨：由掌墨师进行梁、柱、枋等各种构件的设计，包括吊脚楼的样式、是否转角等，以及各构件的尺寸。吊线画墨线、加工成形后，匠人根据尺寸细加工，刨柱头。

"屋高多寡看篙杆，平地定磉用五尺。"篙杆是制作的必需设计工具。有的掌墨师将水卦板（屋样图）记在脑中，并不绘制。[1]起篙杆后，就可以画墨、打孔、上退，制作各种斗枋。在这期间，还要备好梁木。

材料初加工：对木材进行裁料、改料、滚码头与清枋。将原木料加工好，并将柱、枋等构件按照相应位置与尺寸依次排序。

卯口制作：抓眼、开眼、洗眼、讨退等。其中，抓眼是依据篙杆上的卯口位置用墨线标画到柱子上；开眼是使用相应尺寸的凿子将其打通；洗眼是用洗锉工具在开好的卯口内壁打磨使其平整；讨退是将柱子上的卯口信息量取收集好，记录在"八方尺"[2]上。

上退：指将上述尺寸复绘至穿枋构件上。

挖退：又称清退，指将枋片上多余的部分砍掉。

角斗：将地斗、地穿安装到屋基上，作为立排扇的基准。先依据房屋朝向找出位置，再利用对角线的方法检测堂屋的四个角是否为标准的正方形，确定好后再安置磉墩[3]。

排扇：掌墨师带领徒弟等将柱、枋、挑等材料在地面上依次组装成一个完整的排扇。安装顺序是先排中柱，即把穿枋安装好，然后是骑柱，接下来是金柱、檐柱，最后是挑。图1-13以木模型安装为例说明了排扇的具体过程和步骤。在这

---

① 刘安喜师傅等少数人使用，而其他师傅未见使用。

② 一个方正的木签，两头共8个面，又称为"退方尺"，用于记录洞眼的长宽、大进小出等信息。

③ 柱子分为柱础、柱身和柱头三部分，土家族人将柱础称为磉墩。磉墩采用石材制成，主要作用为防止柱子受潮。

一过程中运用到关键工具——响锤①。

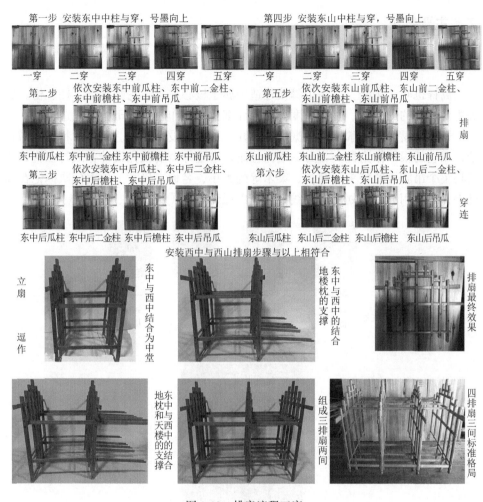

图 1-13 排扇流程工序

立屋（立排扇）：掌墨师依据房主生辰八字确定立屋的良辰吉日。首先是立屋当天凌晨四五点举行"敬鲁班"仪式，七八点立屋，开始"发扇"——掌墨师发锤"说福事"。顺序是从堂屋的东中排扇和西中排扇开始，先东后西，逐步外扩，从正屋到转角屋、厢房，最后到吊脚厢房。

上梁木：梁木是重要的构件，文化仪式繁多。工序将在后续详细解析。

钉椽皮、撩檐断水：传统吊脚楼的椽皮为薄木片，使用到的传统固定构件为竹钉，竹钉不会腐朽，耐久性好。撩檐断水，即将檐口部分多出的檩子与椽子锯

① 用木材做的一个大锤子，作用在于击打排扇使其更加牢固。

整齐，整套大木构的程序基本完成。

二、主要技法

1. 篙杆

篙杆也叫"丈杆"，在吊脚楼建造中属于核心技术，它画有梁、柱、枋、挑等主要构件的剖面图、端部高度和榫眼详细位置，作用贯穿于整个建造过程。

开篙画墨一般由掌墨师根据房子尺寸、材料来设计篙杆。制作材料是半根竹竿，以它的根部作为柱头，另一端为柱尾，掌墨师需要预先设计，成竹在胸，然后将整个吊脚楼的柱头、穿枋、梁木等的大小、名称、尺寸、位置依次标记在篙杆上，最后用锯子刻划一遍墨线记号，以保证清晰（图1-14、图1-15）。

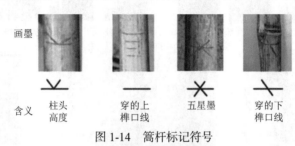

画墨				
含义	柱头高度	穿的上榫口线	五星墨	穿的下榫口线

图1-14　篙杆标记符号

图1-15　篙杆与柱局部对照

篙杆详图解析:

以五柱二骑排扇中的东中柱(长1丈6尺8寸)设计的丈杆为例。使用竹竿从底部向上量取中柱的高度,以这个点向上 9 分(碗口[①]深度)画出碗口位置。整个篙杆标记长度等于碗口高度加上中柱高度[②](图1-16、图1-17、图1-18)。

图 1-16 篙杆与中柱的整体对照

图 1-17 篙杆与排扇的对照

---

① 因造型下凹,一般用荡凿开挖出,常被掌墨师称为碗口,也称正水线。

② 1丈6尺8寸9分对应篙杆总长为5.63米。

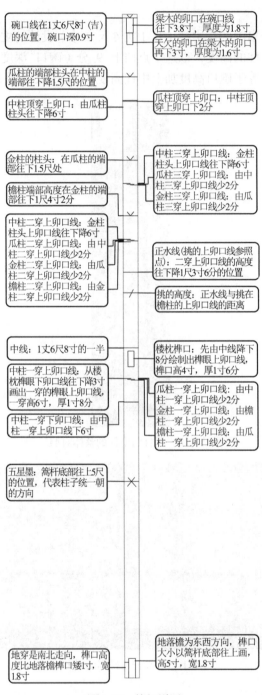

碗口线在1丈6尺8寸(吉)的位置，碗口深0.9寸

梁木的卯口在碗口线往下3.8寸，厚度为1.8寸

天欠的卯口在梁木的卯口再下3寸，厚度为1.6寸

瓜柱的端部柱头在中柱的端部往下降1.5尺的位置

中柱顶穿上卯口：由瓜柱柱头往下降6寸

瓜柱顶穿上卯口：中柱顶穿上卯口下2分

金柱的柱头：在瓜柱的端部往下1.5尺处

檐柱端部高度在金柱的端部往下1尺4寸2分

中柱三穿上卯口线：金柱柱头上卯口线往下降6寸
瓜柱三穿上卯口线：由中柱三穿上卯口线少2分
金柱三穿上卯口线：由瓜柱三穿上卯口线少2分

中柱二穿上卯口线：金柱柱头上卯口线往下降6寸
瓜柱二穿上卯口线：由中柱二穿上卯口线少2分
金柱二穿上卯口线：由瓜柱二穿上卯口线少2分
檐柱二穿上卯口线：由金柱二穿上卯口线少2分

正水线(挑的上卯口线参照点)：二穿上卯口线的高度往下降1尺3寸6分的位置

挑的高度：正水线与挑在檐柱的上卯口线的距离

中线：1丈6尺8寸的一半

楼枕榫口：先由中线降下8分绘制出榫眼上卯口线，榫口高4寸，厚1寸6分

中柱一穿上卯口线：从楼枕榫眼下卯口线往下降3寸画出一穿的榫眼上卯口线，一穿高6寸，厚1寸8分

瓜柱一穿上卯口线：由中柱一穿上卯口线少2分
金柱一穿上卯口线：由檐柱一穿上卯口线少2分
檐柱一穿上卯口线：由瓜柱一穿上卯口线少2分

中柱一穿下卯口线：由中柱一穿上卯口线下6寸

五星墨：篙杆底部往上5尺的位置，代表柱子统一朝的方向

地穿是南北走向，榫口高度比地落檐榫口矮1寸，宽1.8寸

地落檐为东西方向，榫口大小以篙杆底部往上画，高5寸，宽1.8寸

图 1-18 篙杆详图

中柱尺寸为1丈6尺8寸[1]，定好中线后，向下1尺5寸就是瓜柱位置，瓜柱位置处向下1尺5寸是金柱位置，金柱位置向下1尺4寸2分是檐柱位置，从檐柱的位置再向下1尺3寸6分就是挑枋的位置。

竖向尺寸标注完再标注横向的尺寸。

碗口深9分，梁木卯口深3寸8分，厚1寸8分，顶穿高5寸厚1寸6分，子穿高5寸厚1寸6分，二穿高5寸1寸8分，一穿高6寸厚1寸8分，地穿高4寸厚1寸8分。一个比较标准的吊脚楼榀架的主要尺寸就在这根竹竿上顺利完成了。

篙杆的设计原则非常清晰，具体如下。

第一，篙杆卯口计算规律。除了地穿与地落檐，整体都是从上往下依次推算得出卯口位置。柱头设计方法：相邻柱头之间高差均为1.5尺，金柱与檐柱柱头高差依次下降1.42尺和1.36尺，因为檐部要"抬檐"[2]。

第二，穿枋榫卯设计规则。卯口线均在柱头往下6寸，穿枋以中柱为中心，每穿过一根柱子其卯口高度与厚度均减去2分。

第三，挑的设计原则。先确定檐柱上的正水线，再下降一定的高度（此高度等于挑高尺寸），可得卯口位置。

第四，楼枕应在香火枋（纵向的中间部位）中线下，不得高于中线位置。

在鄂西干栏民居中，有"天空人丁地空财"的口诀[3]。纵向来看，香火枋的中线应位于中柱高度一半，楼枕应低于中线（低1—3寸），过低属于"天空"（上部空间过大），若位于中线之上属于"地空"，"天空空人，地空空财"，不符合当地居住习惯和民俗心理。

其他几个关键处的卯口变化关系：顶端梁木卯口厚度比天欠多2分，高度多8分。篙杆底部地穿高度比地落檐少1寸，厚度相等。

图1-19至图1-22依次为东中中柱、东中前瓜柱、檐柱、金柱的四个立面图。

篙杆设计的长度与正屋高度相同，主要受以下几方面的影响：一是房主的意愿；二是匠人根据经验法则的设计思路；三是房主的财力、柱料的多寡好坏；四是基地状况。

掌墨师会遵循压"8"规则。当地传统认为"8"即发，尾数压"8"等于压财气[4]，因此房屋高度常常以"8"结尾，如房屋高度1丈5尺8寸、1丈6尺8寸、1丈8尺8寸等。此外，还分为"大8"和"小8"，如1丈5尺8寸为"大8"，1丈5尺8分为"小8"。

---

① 1丈6尺8寸俗称小8，约为5.6米。1丈约为3.33米，1尺约为3.33分米，1寸约为3.33厘米，1分等于0.1寸。其余可按此估算。

② 屋面坡度变化，在屋檐部分坡度降低，称为"翘檐""抬檐"。

③ 笔者从鄂西清坪镇杨云坐师傅处得到详细的讲解。

④《鲁班经》有记载"8"为尾称其为吉星。参见（明）午荣汇编，江牧、冯律稳注释：《鲁班经图说》，山东画报出版社2021年版，第83页。

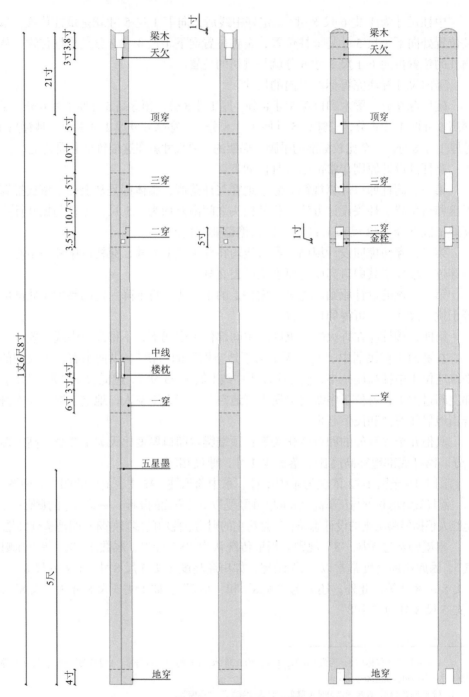

图 1-19 东中中柱立面图

图片来源：李贵华绘制

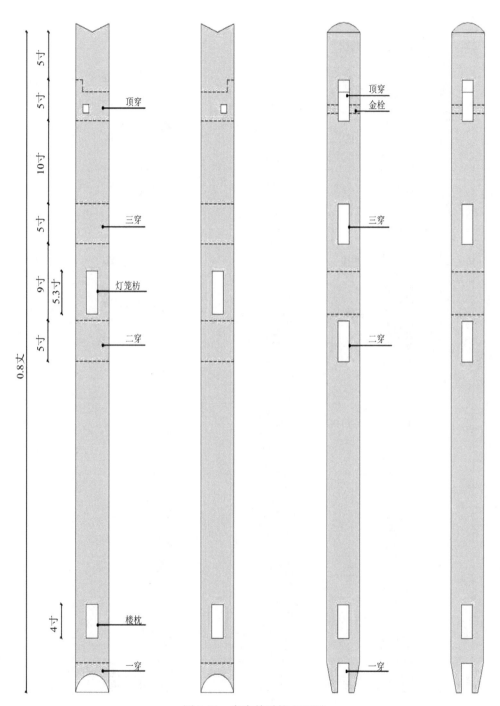

图 1-20 东中前瓜柱立面图
图片来源：李贵华绘制

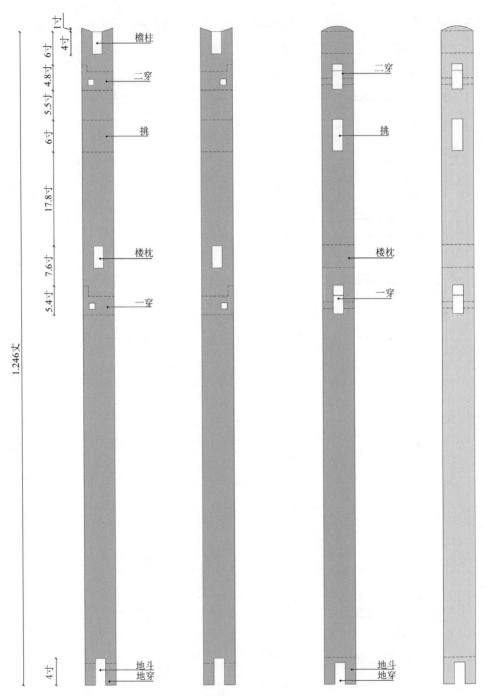

图 1-21 檐柱立面图

图片来源：李贵华绘制

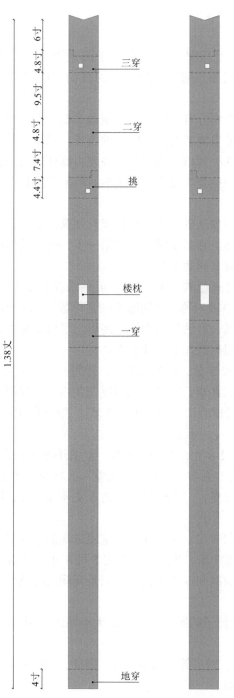

图 1-22 金柱立面图
图片来源：李贵华绘制

2. 开杆技法

开杆又称"过杆"，"开"代表房屋开间，是一根用于测量和设计房屋开间的丈杆。利用开杆可以迅速定位正屋、厢房、抹角房的横向开间尺寸和相关构件尺寸。

开杆的作用，按其在建造过程工作来划分有三点：一是定地基石。在平整的屋基面上依据各个房屋的开间大小确定排扇地基石（石磉）的位置。二是定地落檐、楼枕、天欠等构件的长度。这些构件（卯口）的宽度、高度由篙杆确定，长度尺寸则由开杆确定。三是检测作用，即检查立起来的排扇前后间距大小是否一致，是否歪斜。

房屋开间尺寸的确定是非常重要的一项基础工作。在传统礼制观念中，相对于左右两"人间"和厢房，堂屋更为重要。它是全屋建造的第一步，也是其他房间尺寸的依据。堂屋开间可确定全屋所有开间的上限。

在平整好屋基后，匠师根据房主的意愿与基址环境，可估算屋架布局的宽度数据。鄂西土家族民居布局多为中轴对称，开间数必须是单数。开间的尺寸大小与排扇的大小遵循一定的比例关系，目的是使堂屋空间形态尽可能地方正好用。例如，以一步水为一米为例，常用尺数如下设计数据。

五柱二骑排扇：堂屋中柱高 1 丈 6 尺 8 分，约为 5.3 米，开间一般是 1 丈 4 尺 8 寸，约为 4.93 米，这两者相差约一尺距离。但考虑到坡屋顶的内空，这两个尺寸设置是比较合适的。堂屋进深设计考虑吞口，尺寸也是 5 米。"人间"开间，通常为 1 丈 3 尺 8 寸，即比堂屋开间要窄上一尺距离。

五柱四骑排扇：堂屋中柱高 1 丈 8 尺 8 寸，约为 6.3 米，堂屋开间一般是 1 丈 5 尺 8 寸，约为 5.3 米，堂屋进深前有"吞口"，后有"退堂"，均为一步水，得到进深也是 6 米，空间形态依旧方正规整，"人间"开间为 1 丈 4 尺 8 寸，同样小一尺。

七柱二骑排扇：堂屋中柱高 1 丈 9 尺 8 寸，为 6.6 米，堂屋进深前有一步水"吞口"，后有两步水"退堂"，得到进深 7 米，开间仍是 1 丈 5 尺 8 寸，"人间"开间为 1 丈 4 尺 8 寸。这种大尺度堂屋的高和深依旧接近，只是开间尺度略小，内部空间仍然保持方正形态。

通常，排扇越大开间越大，但是由于檩子的跨度和材料的大小始终受到限制，开间的极限尺寸通常是 1 丈 5 尺左右。

"人间"开间通常比堂屋开间小 1 尺，厢房等再减少尺寸。因此，堂屋开间确定好后，整个正屋和厢房也基本有了依据。

确定好开间尺寸后，掌墨师便开始设计开杆。开杆的制作（图 1-23）与篙杆类似，制作材料是挑选一根笔直的竹竿，长度等于堂屋开间尺寸，上面刻划相应符号——地落檐、楼枕、天欠、堂屋开间、厢房开间、冲天炮、过道。详细制作步骤和制作程序如下：

第一，画地落檐线——东山中柱中线。

第二，画楼枕线——东山中柱半径的距离。

第三，天欠——从楼枕线到天欠的距离等同于收山的距离（一般为 1.4 寸），天欠枋长度为天欠到正屋开间线段的距离。

第四，画堂屋开间——以楼枕为起始点画 1 丈 4 尺 8 寸的长度。

第五，确定左右两厢房开间——以楼枕为起始点量 1 丈 3 尺 8 寸的长度。

第六，冲天炮——位于左右抹角屋中，距离正屋中柱 3 步水（9 尺）为冲天炮柱子的位置。

第七，画过道（过道）距离 3 尺——正屋与厢房的柱网之间保持的距离。

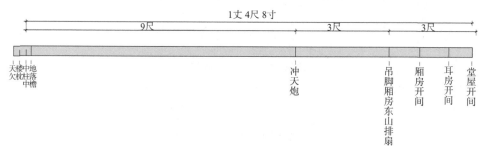

图 1-23　开杆详图

3.5 尺定平

在每个落地柱柱身距地面 5 尺处，均要画上"五星墨"（图 1-24）——3 根同心放射状墨线。其作用：一是标记柱子方向（柱的"面子"）；二是形成一个离地 5 尺的水平面，以作为房屋定平（水平度）的重要参考标准；三是 5 尺即 1 丈的一半，可以作为实物标尺。

图 1-24　"五星墨"

"5 尺" 被认为是神圣的, 具有辟邪的作用。

第三节 榫 卯 技 艺

榫卯 (图 1-25) 是利用凹凸的处理方法, 将建筑中的木、石等材料中两个构件连在一起, 构件里凸出的部分称为榫或者榫头, 凹进去的结构部分称为卯口、榫眼或榫槽。

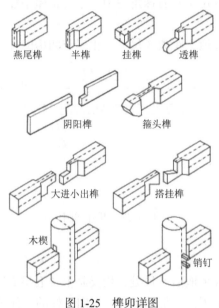

燕尾榫　半榫　挂榫　透榫

阴阳榫　箍头榫

大进小出榫　搭挂榫

木楔　销钉

图 1-25　榫卯详图

图片来源: 高婷婷绘制

匠师为了加强穿斗架结构的稳定性, 在榫卯节点设计上融合了先进的技术, 从而出现了各式各样的榫卯类型, 既有各地民居常见的鱼尾榫、碗口榫、阴阳榫、直榫等, 也有独具特色的夹夹榫、公母榫、肩膀榫、箍头榫、羊蹄榫、卡脚榫等。不同的榫卯代表不同的结构关系, 形成丰富的文化寓意。

一、常用类型

1. 鱼尾榫

鱼尾榫 (图 1-26) 榫头宽榫尾短, 呈鱼尾形状。一般情况下, 它的长度与大头宽度基本相同, 榫根宽度比榫尾宽度两边各少 2 分。例如, 榫头宽度为 1.8 寸,榫根宽度左右各减去 2 分，则为 1.4 寸。

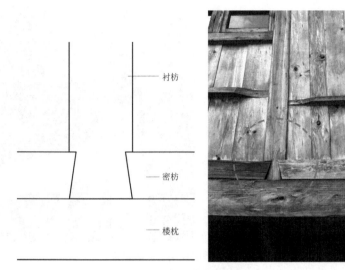

图 1-26 鱼尾榫

鱼尾榫用于梁、枋等水平大木构架与垂直的柱子相交之中，以及落檐枋与地穿构件相交之处。安装时，将鱼尾榫的榫头自上而下打入带卯口的构件之中，加强水平构件之间的水平拉力，不易脱榫。鱼尾榫受力以大木构件间的水平拉力为主，当房屋受到的压力过大，使梁、枋、等水平构件受压弯曲时，榫卯还会有减力的作用。

制作要点是榫头与卯口严丝合缝，精确度越高结构作用越好。要根据木材大小设计榫头的尺寸，过大会破坏木材本身的结构，过小则起不到受力的作用。将榫头开凿出来后，以榫头为模板画出一样大小的卯口，然后开凿卯口，需要用手工凿垂直往下挖。

2. 碗口榫

碗口榫（图 1-27）是在柱头上砍削形成 V 形的凹口，形成"坐口"，使承接的梁檩更加稳固。木柱下大上小，有时檩头直径大于柱子柱头直径，因此需要将竖向柱头做成碗口形状来增强两者之间的稳固性。

碗口榫具体做法是：首先，在柱头顶部用十字交叉的中线锯平；其次，确定碗口深度，注意要与所承托的梁木、檩子的中轴线重合一致，垂直向下 1 寸处是"坐口"；最后，依据 V 形墨线锯出碗口。

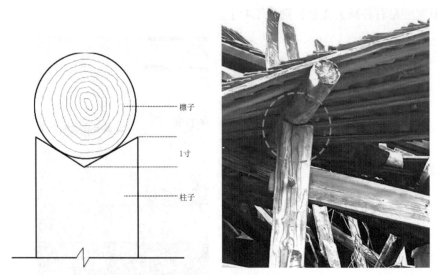

图 1-27 位于排扇柱头上的碗口榫
图片来源：高婷婷拍摄、绘制

3. 阴阳榫

阴阳榫（图 1-28），泛指榫头上下拼接的大进小出榫。阴阳榫根据位置可划分为阴榫和阳榫，一般上阴下阳（榫头在上为阴）。

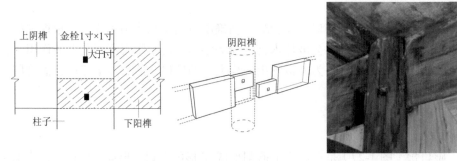

图 1-28 阴阳榫
图片来源：李贵华拍摄、绘制

首先确定阴阳榫的中线；其次依据柱子上卯口深度（柱子直径）来确定榫头的长度；最后绘制金栓的位置——阴榫从上而下 1 寸，阳榫自下而上 1 寸。金栓是用密度比较大的木头制作而成的长形的木销，在柱子上的卯口大小为 1 寸×1 寸。安装步骤是先放置阳榫进入卯口，再放置阴榫，最后把金栓打入对应的卯口中。

4. 直榫

直榫，榫头是平直的形态，矩形截面，通常情况下，鄂西的匠师制作无榫肩的直榫，它一般位于柱子卯口内无复杂交接的地方，如排架中柱与横向的穿枋连接处。结构位置对于构件的拉力强度不高，仅靠两者之间的摩擦力便可满足建筑需求。

直榫制作工艺比较简单，安装便捷，卯口大小依据穿枋大小而定，卯口开好后穿枋直接插入即可。

5. 夹夹榫

夹夹榫（图 1-29），也是一种双榫。其榫头像夹子一样夹在柱子的卯口上。该榫卯类型只用于全屋的两根中柱上（东中中柱与西中中柱）。在这两根柱子上都应该弹有清晰易辨的中墨线（中墨、中线），中柱竖立后该墨线是绝对垂直的，掌墨师称之为"一墨（脉）冲天"，有通天地的意思。为了体现这一传统而神圣的意蕴，掌墨师设计了夹夹榫，以保证中墨线连贯完整不被卯口破坏。

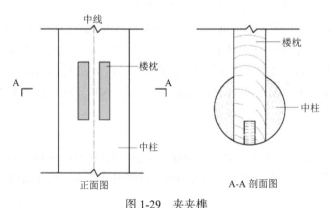

图 1-29　夹夹榫

6. 公母榫

公母榫，泛指构件上下相互搭接的榫卯，起到加长构件的作用，如檩子。"晒公不晒母"：榫头为公，卯口为母，榫卯搭接顺序是卯口在下、榫头在上。这使檩子之间搭接得更加严实牢固。

以檩子制作为例，其做法是先将檩子的两端绘上十字中墨，在檩子四面弹出中线，接着根据屋面宽度在檩子上标出两端榫卯尺寸，再分别画出榫头与卯口，一般榫头尺寸大小为檩直径的 1/3，最后开口加工。

7. 肩膀榫

肩膀榫（图1-30），卯口留有榫肩，榫头有一部分是从榫肩穿过，另一部分与榫肩紧靠在一起。有些榫头插入卯口后还需打入金栓。肩膀榫在穿枋两端与柱子相交处使用得最多。

图 1-30　肩膀榫
图片来源：李贵华拍摄

具体做法是，首先在柱子上面画"大进小出"两个卯口大小——柱子内侧为大进（穿枋在柱子上穿入的方向），柱子外侧为小出（穿枋在柱子上穿出的方向）；再画榫肩，由大进方向的卯口下口线往上1寸为肩高，往内1寸为肩深尺寸；以柱子上的中墨在卯口上往下最后通过讨退与上退的方法制作出榫头。

土家匠人认为，肩膀榫具有吉祥意义，大进小出，财富聚集不外流。

8. 羊蹄榫

羊蹄榫（图1-31）用于地斗、地穿、柱脚三者组合处。地斗榫头形状像羊蹄，包含两个鱼尾榫，一个鱼尾榫卯口在地穿中，柱脚根据榫头形状开出两者相应的卯口。

图 1-31　羊蹄榫

该榫构造十分复杂，一般只用于柱子底部与地穿、地斗的连接处。安装时需要提起柱子从上至下卡入，并靠柱子的重力压紧使其不会脱榫抽出。羊蹄榫使以上几个构件形成三向度的稳定结构，柱子自立不倒。

9. 卡脚榫

卡脚榫（图1-32）为地穿与柱脚之间的构造，类似于"大进小出"的原理，仅通过地穿的厚薄变化，与柱脚卡好，增大摩擦阻力，使其稳定。

图 1-32　卡脚榫

二、讨退与上退

梁、枋的长短决定堂屋、厢房的开间尺寸，能否做好梁、柱、枋之间的榫卯，将直接影响整个建筑的外貌、抗力强度等。这也是制作大木构架成功与否的重要环节。匠师需要将榫卯的长度、宽度、深度、榫肩尺寸大小位置做到精确无误，实现无缝对接，当地称为讨退与上退（图1-33）。

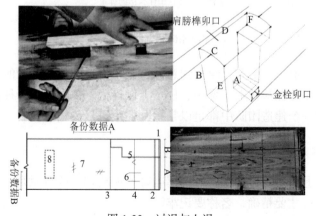

图 1-33　讨退与上退

注：A 到 F 对应后文"讨退技法详解"的 6 个步骤；1—8 对应后文"上退技法详解"的 8 个步骤

在建造过程中，匠师采用讨退办法求取柱子上各式各样的卯口尺寸，再以上退的方式在穿枋等构件上画出榫卯对应的造型。

1. 求取步骤

第一步：讨退。"讨"是索取，"退"是截面之间的减退变化。讨退是利用某些工具将柱子上卯口的尺寸做好记录。使用的工具为退枋尺（签枋、签棍），材料为一根长方形木条。签枋宽约 6 分，厚约 5 分，长度约 1.5 尺，但建筑过程中随掌墨师习惯而定。使用过程中，每一个面记录同一类型的榫卯信息，一个方木条可以使用四个面记录，较长的木条头尾两边均可以使用，一共可以记录 8 个卯口尺寸数据。一般情况下，一个五柱二的排扇需要 7 根木条做榫卯的信息记录，而一个五柱四的排扇需要 9 根木条记录。签枋（图 1-34）上的尺寸由柱子榫卯测量而来，信息包括卯口长度、中墨、宽度、金栓、大进小出、是阴榫还是阳榫，备注对应柱子与川的名称。在使用签枋讨退时，匠师在签枋和梁木中常用的特殊符号如"月"——阴榫。

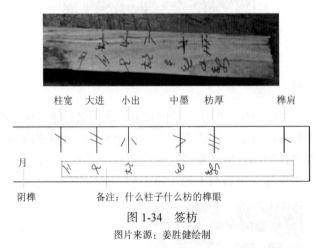

图 1-34　签枋
图片来源：姜胜健绘制

第二步：上退。"上"是绘制的意思，是将讨退中签枋记录的尺寸转移到相应的枋上面。匠师在签枋上、穿枋、柱子上做标记，都形成了一种很有地域特色的行业规则，一个建造团队中都是以掌墨师惯用符号为标准。

2. 求取原则

在调研讨退与上退过程中，麻柳溪姜师傅说要切记四点原则：中墨要号准，定位要精准，尺寸要精确，名称要记牢。

中墨要号准，中墨即中线。中线的位置需要画准确，若有误差将会影响整个大木构架的精准度。在讨退时有两个中线需要注意：一是柱子中线，绘制在柱子表面的中线；二是讨退中线，是根据柱子卯口画在签枋上的中线。讨退前柱子上的中线必须保证精确、清楚，然后再用签枋去取卯口中墨线位置，只有所得到的数据精准，才能将签枋与柱子上的中线相互吻合。

定位要精准，是指柱子上的卯口都有明确的定位，需要按照一定的顺序求取卯口尺寸，以防上退后出来的榫头有误差。定位方式如下：先确定柱子的四个面，按照轴线可分为正、反、前、后，正面标注"五星墨"，前、后是柱子进深的两个面。例如，讨退时在记录卯口那一个面是大进小出时，可根据柱子四个面的定位进行记录。

尺寸要精确，肩膀榫的榫肩位置在中线往上1寸，上退时穿枋金栓眼是由下往上1寸的位置，楼枕则相反，金栓卯口尺寸都是1寸×1寸。

名称要记牢，吊脚楼大木构件都有相应名称，签枋记录的信息与上退完成的榫头是互相匹配的榫卯。为了防止出错，匠师在讨退的最后一步使用木匠字把各自对应的名称备注在柱、穿、签枋中。

3. 讨退技法详解

讨中眉，把签枋一端放入卯口与深度平齐并紧贴其面，标记中墨。

画好中墨之后在签枋上面标记柱子的厚度。

将签枋端部与榫口平行，画出它的宽度。

画大进小出（穿枋贯穿柱身的左右卯口高度不一致，卯口大的一面为大进，卯口小的一面为小出）。

如果是肩膀榫，则在画完大进时需要求出肩膀的深度。

标记是哪根柱子什么枋，是阴榫还是阳榫（阴号月，阳不用号字）。

4. 上退技法详解

步骤：一是去边料，枋端部往里面1分画两根平行线，代表此处需要切割；二是以第一步线条往里面3分画条平行线，留出3分的距离用于端部倒角。此线为后面的基准线；三是使用签枋垂直基准线画出榫头的长度——等于签枋上标注柱子的直径；四是用签枋标记的中线点画出榫头的中线，并标上中墨符号；五是采用双线画出榫口的厚度与肩膀榫进深线的位置，肩膀榫的肩膀大小为1寸；六是画金栓眼的位置，穿排上的位置是从下往上1寸处为金栓眼起点，楼枕则相反，位置是从上往下1寸处。金栓眼大小通常为1寸见方；七是备份榫头高度与枋厚；八是要备注清楚这些榫头信息对应的是哪个卯口，可自行做记号。

上退后便是挖退，使枋件具体加工成形。

图 1-35 准确表达了穿枋在柱体中的穿插关系和位置，一般来说，枋高、枋厚尺寸每穿过一柱均有微妙的减少，工匠称之为"步步滑"，枋厚尺寸在枋面上也有表示，穿枋在柱内的形态变化也在图中一并画出。总体来看，这一排扇就像一棵大树，中柱是树干，枋件经过挖退造型后，像树枝一样，从树干处逐渐伸展和生长开来。

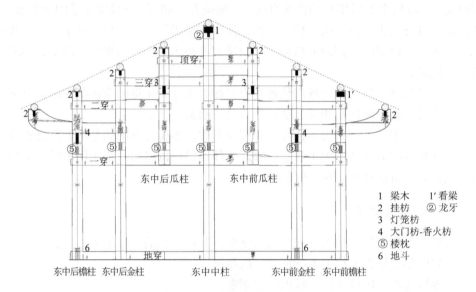

1　梁木　　1′看梁
2　挂枋　　② 龙牙
3　灯笼枋
4　大门枋-香火枋
⑤　楼枕
6　地斗

图 1-35　五柱二骑穿斗架构造图

第二章

匠 技 承 传

　　研究技艺，必须研究工匠，工匠是技艺的主体。从某种概念上说，在技艺的学习和调查中，没有抽象的技术，只有具体的人、物、事。

　　在很多传统文化观念下，建筑营造同其他手工艺一样，属于"技"而非"学"。在传统社会中，工匠的社会地位总体不高。即便如此，鄂西的掌墨师在乡土民间依然受人尊敬，掌墨师拥有建造房子的神秘技术。土家族人认为，一座好房子是家庭幸福生活的重要基础，好房子"发家"还"发人"（宅安人旺）。鄂西民间如此尊重木匠，还因为住房、家具、农具、日用品，甚至包括死后所用的棺木都要靠木匠打造。不仅如此，木匠还会使用吉利数，寓意给东家带来福气，如使用鲁班尺、门光尺（图 2-1）。

图 2-1　李武哥师傅的门光尺

建筑技艺教学是在实践中通过师傅口传手授，言传身教习得。对于初学者而言，不能纸上谈兵，要先学会使用工具，有学习实践的环境，并能够参与和逐步融入群体实践。

第一节　匠作体系

一、各作分工

传统木作工艺可分为大木作与小木作两种，这是官方分类。各匠作包括木作、瓦作、石作、雕作、泥水作等。土家族民间通常认为要"四匠具备"，即木、瓦、石、雕。大木匠是整个吊脚楼建造的核心，其他工种都要听从大木匠的安排。

木作：在鄂西，大木作工匠与小木作工匠区分比较明显。一是大木作的工艺比其他工种复杂、难度大，建筑中主要大木构件的制作非常难。例如，朝阳寺的熊国江师傅认为每样工种有各自的特点，但大木作通常也能做一点小木作活路[①]，如也会简单的纹样雕刻，但是要求不会太高。专门做小木作的去做大木作活路比较困难。二是工具熟悉程度不同。大木匠拿得起斧头，小木匠拿得起锯子。使用斧子进行各种粗细加工是大木作的基本功，是比较难掌握的一项技术活，很多小木作师傅不一定能灵活操作。

瓦作：传统建筑中瓦作与建筑屋面作业，也是后期维护屋顶的"拣瓦"的师傅。在鄂西地区瓦匠师傅给屋面铺的材料都是无釉青瓦，形式多为"清水脊"，没有过多的装饰纹样。

石作：在传统建筑中对石头构件的设计制作与安装，如柱础、石台阶、地基石等构件。

泥水作：在传统营造环节中负责挖屋基、夯实地面的工种。泥水作需要在房主指定的吉日动工。

在建造过程中，大木作是在地基做好后开始施工，大木作与小木作在施工中配合十分密切，小木作工匠的雕刻纹样需要与大木作工匠协商且经其同意后方可开工。瓦作一般是在大木作工序基本完成后才进行屋面工程作业。

干栏建筑最重要的工种是木匠，木匠与其他工匠应形成和谐有机的团队关系。例如，木匠尊敬石匠，认为木柱子是立在石头礅墩和石基座上的，理应敬重，应由石匠坐首席。不过有人认为木匠的祖师爷是鲁班，石匠的祖师爷是师娘（鲁班妻子），祭拜祖师爷时，木匠可以进门到神龛前跪拜祭祀，石匠不能进门祭拜，

---

① 土家族人将自己的建造活动、可以营生的劳作称为"活路"，同时它也是一种计量单位，一个"活路"代表一天的工作时间。

只能在门槛外的柱脚处烧香祭拜师娘，此隐义是石匠还没有"入门"。这些民间传说折射出传统社会中工匠间既竞争又合作的和谐关系。

二、匠系派别

传统的建造队伍一般是由一名经验丰富的木匠师领头，由其带领几位匠人组成一个团队，完成一项房屋的营造项目。一般情况下，这些掌墨师大多是同一个乡里或者同门师兄弟。团队成员包括掌墨师、二墨师（多是掌墨师的大弟子）、学徒、蛮工四个级别。

过去师父收徒弟有两种形式。一是出师学。徒弟从拜师学艺之日起不限定学习期限，直到学出师为止。师父带着徒弟做事，每日工钱都是一样的。二是跟师学。徒弟以规定学习期限的形式跟随师父学习，且一段时间内徒弟领到的工钱需要上交一部分给师父作为学费，具体数额由师徒商定。在学习期间，如果徒弟达到了出师的标准，也可提前出师。以上两种类型在拜师时徒弟都需要写一份徒师牒（保证书），师父将依此进行管理。

徒弟出师时有"茅山传度"的做法。选择离家较远、安静无人处的大树下，师父和徒弟二人举行仪式。师父先将鲁班仙师插于树下，摆上贡品，焚香点蜡，烧纸钱，报告鲁班仙师，师门增加新人。礼毕，师父再拿冥纸烧于米饭之上，师父先将米饭吃掉几口，后转交给徒弟，徒弟须将剩余米饭全部吃完。

出师的另一标志物是"五尺"（图 2-2）。五尺即一条长 5 尺的木尺子，以上等毛桃树为选材进行制作，作为上一代掌墨师亲传下来的标志性物件，它是掌墨师"出师"的凭证"符号"。五尺的选料非常讲究，需要在听不见鸡叫狗吠的地方，找野毛桃树制作，人们认为桃木有辟邪作用。五尺上的红布被称为"法衣"[1]，在祭祀时使用。如在立排扇的头晚敬菩萨时，需要先用红布将五尺包住，再将五尺竖立，点起香蜡供奉。次日该红布则作为包梁红布。事实上，五尺即鲁班的暗喻，从人类学的角度来说，鲁班是工匠的象征和代表，也是工匠的自我指代和暗喻。

今天，由掌墨师带领的营造队伍在鄂西虽然存在，但数量急剧减少。营造队伍的分工明确，绘制篙杆和画墨线的是同一位掌墨师，一栋房屋一般只用一根丈杆，这栋房屋的所有柱瓜和卯口尺寸信息都在上面，虽然线条烦琐复杂，但便于掌墨师整体把握，也适合掌墨师总负责、小团队协同的民间施工模式。

---

① "法衣"为五尺上用来包梁布的，含义类似于袈裟，也指佛教道教的法事专用服饰。

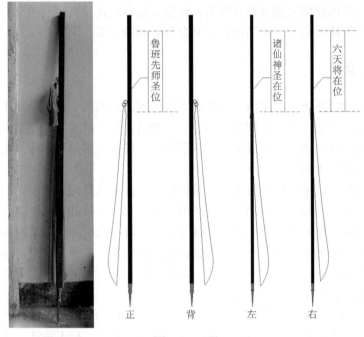

图 2-2 五尺

在实地建造过程中，掌墨师不仅要设计篙杆、开杆尺及设计整个大木构架，还要负责组织管理构件制作与现场安装，以及在营造过程中主持多项福事仪式。在实际项目中，掌墨师有时候会搭配二墨师，即当掌墨师承接了一个大项目或者多个项目，一个人在现场指导施工忙不过来时，会请一位二墨师来帮忙。二墨师也具备较高的手艺和能力，比如掌墨师开篙画墨，二墨师开田（榫口定位），再交由学徒按样制作。

掌墨师具备很强的领导能力。每位掌墨师都有自己的一套管理办法。例如，有的掌墨师是"先锋型"，不仅做脑力活，而且主动做力气活；有的掌墨师是"军师型"，负责开杆画墨，动脑力，做好指挥工作。

掌墨师不仅要解决各个技术问题，还要协调各个工匠之间的关系。有一个能力强、善于统筹协调的掌墨师是一个营造团队成功的关键。工匠们性格不一，手艺各不相同，技术有快有慢、有好有差，各自擅长的活路不一样，掌墨师需要根据每个人的情况扬长避短地安排工作，发挥群体的优势，提高团队的工作效率。

掌墨师需要具备广阔的心胸。例如，朝阳寺熊国江师傅说："徒弟手脚有快慢，大脑反应快慢各不相同，因材施教才能教好。"麻柳溪姜胜健师傅说："工匠当中有好的也有不好的，至于每个人做工速度的问题，只要你踏踏实实做事就行。"清坪杨云坐师傅认为学艺的过程要分步骤，一步步来。首先是"能做对"，比如能够用斧子、刨子进行精细加工，在此基础上是"做得快"，"别人两天的活路，你一天能够做完"，有了这些基础才能开始学习画墨、设计，逐渐成为掌墨师（图2-3）。

图2-3　杨云坐师傅（右二）在工地与徒弟交流

三、传承与传承人

在鄂西地区，笔者采访了50余位传承人，他们大多是拥有传统掌墨师身份的大木匠。笔者对部分师傅做了重点采访，名单见表2-1，如杨云坐师傅、熊国江师傅等，他们是真正意义上的传统掌墨师、匠人，个个都是能带徒弟的好师傅，他们也是此次国家艺术基金项目培训的授课教师。从年龄上看，目前传承下来的年轻师傅虽然很少，但他们都在坚守着代代相传的手艺。

表2-1　主要工匠访谈名单

姓名	居住地	生年	师承	非物质文化遗产传承人称号
杨云坐	咸丰清坪	1967	李桎祥	无
谢明贤	咸丰麻柳溪	1945	王银山	省级传承人
万桃元	咸丰曲江	1956	屈胜	国家级传承人
姜胜健	咸丰麻柳溪	1953	金树林	州级传承人
刘安喜	利川毛坝	1961	杨友林	州级传承人

续表

姓名	居住地	生年	师承	非物质文化遗产传承人称号
熊国江	咸丰朝阳寺	1962	卢长寿	州级传承人
王清安	咸丰麻柳溪	1958	不详	无
陈忠宝	咸丰唐崖	1971	杨昌文	县级传承人
朱佰万	来凤革勒车	1938	不详	无
龙水生	来凤旧司	1967	龙群华	无
李光武	咸丰清坪	1967	李栜祥	无
朱华明	咸丰清坪	1952	贺连科	无
陈阳军	咸丰清坪	1964	陈文高	无
王仕辉	龙山桂塘	1937	不详	中国工艺美术大师
杨佳奇	咸丰清坪	1976	杨云坐	县级传承人
张远龙	咸丰清坪	1971	朱华明	无
刘亚	利川毛坝	1984	刘安喜	县级传承人

注：表中相关统计信息截至 2022 年 12 月

杨云坐：曾到贵州、湖南等地承接木构房屋建设，熟练掌握土家族吊脚楼营造技艺及流程，由于没有参加咸丰县里举办的吊脚楼模型大赛，无法获得任何相关荣誉称号，但是他的木作技艺很高，还通晓地方风俗、祖传"口诀"，令人肃然起敬，也为本次项目的调查研究提供了大量非常宝贵的一手资料。[①]

谢明贤：省级非物质文化遗产项目土家族吊脚楼营造技艺代表性传承人。几十年从事吊脚楼修建，独立带领班子修建吊脚楼 20 余栋；2012 年，被评选为省级非物质文化遗产代表性传承人；2014 年，参加咸丰县能工巧匠擂台赛获二等奖；2015 年，参加咸丰县第一届吊脚楼模型大赛获二等奖；2018 年，湖北省档案馆收藏谢明贤制作的土家族吊脚楼模型，并给其颁发了收藏证书；2018 年，荣获咸丰县首届"唐崖工匠"称号。

万桃元：国家级非物质文化遗产项目土家族吊脚楼营造技艺代表性传承人。2009 年，被确定为恩施土家族苗族自治州民间艺术大师；2010 年，先后被恩施土家族苗族自治州文化体育局确定为州级非物质文化遗产项目土家族吊脚楼营造技艺代表性传承人、被湖北省文化厅确定为省级非物质文化遗产项目干栏式吊脚楼建造技艺代表性传承人；2012 年 12 月，被文化部确定为国家级非

---

① 万分可惜的是，杨云坐师傅于 2021 年 4 月因车祸去世，但其子杨伟继承了他的手艺。

物质文化遗产项目土家族吊脚楼营造技艺代表性传承人；2013 年，在咸丰县首届能工巧匠擂台赛中荣获竹木公益类第一名；2018 年，荣获咸丰县首届"唐崖工匠"称号。

姜胜健：州级非物质文化遗产项目土家族吊脚楼营造技艺代表性传承人。1978年，开始从事木工；1985 年，开始掌墨至今修建各种形制的吊脚楼达 30 余栋；2014 年，获咸丰县能工巧匠擂台赛获优秀奖；2015 年，在咸丰县吊脚楼模型大赛中获三等奖；2018 年，荣获咸丰县首届"唐崖巧匠"称号。

刘安喜：州级非物质文化遗产项目土家族吊脚楼营造技艺代表性传承人。1976年至今，在利川市及周边地区从事木工建筑工作，包括室内装潢、雕窗、家具、仿古建筑及工艺品等加工，主持修建木构建筑近 100 栋，分布于湖北恩施、利川、咸丰，湖南龙山，重庆黔江、石柱等地，代表性建筑有利川市飞强茶业有限公司六角亭、兰田村传统院落改造及寨门楼、田坝村特色民居、施南土司遗址复建、南坪乡白虎寨吊脚楼群；2014 年，被利川市人才办录入特殊人才库，被中共利川市委、市人民政府评为利川市民间工艺大师；2016 年，评选为利川市级非物质文化遗产项目利川传统民居营造技艺代表性传承人；2018 年，被毛坝镇评为脱贫攻坚非物质文化遗产传承十大工匠。

熊国江：州级非物质文化遗产项目土家族吊脚楼营造技艺代表性传承人。1977 年，开始从师学艺；1988 年开始掌墨，熟练掌握土家族吊脚楼传统建造工艺及流程，40 余年修建过多种类型的吊脚楼，共建大小吊脚楼 50 余栋；2015年，评选为非物质文化遗产州级一级大师；2015 年，在咸丰县吊脚楼模型大赛中获三等奖。

王清安：原名王晴安，对于吊脚楼营造中的大木作和小木作都比较擅长，在窗花等装饰件制作方面尤为突出，是一位心灵手巧的师傅。近年来在县城从事装修工程。

陈忠宝：1983 年，开始从师学艺，熟练掌握土家族吊脚楼传统建造工艺及流程，修建过多种类型的吊脚楼，曾参与、共建大小吊脚楼 30 余栋；2020 年后到宁波家具厂工作。

朱佰万：十几岁开始打家具，后来拜师学习起高架、立房子。从艺 60 余年，对来凤县传统的木屋建造非常熟悉。朱师傅对木雕和家具制作十分感兴趣，至今有闲暇还在家里做家具。

龙水生：师父是龙群华（2019 年去世），最近几年主要在外面务工，是来凤县龙氏土家族吊家楼传承人，其徒弟叫龙金生，现在中学当老师，业余时间从事木作工艺品创意设计工作。

李光武：杨云坐师傅的同门师兄。从小随父亲习得掌墨手艺，对各种类型的吊脚楼了如指掌，熟练掌握土家族吊脚楼传统建造工艺及流程，善于设计出新。

擅长"说福事"，对鄂西民俗十分精通。曾到贵州、湖南等地承接大型木构工程，目前在唐崖镇从事古建工作。

朱华明：14 岁学艺，师从贺连科，修建吊脚楼 100 栋左右。目前仍在清坪镇带徒弟，修建传统吊脚楼，业余时间在乡村兼做道场法师。

陈阳军：19 岁开始学艺，技术很全面。与其他师傅不同的是，学徒阶段结束后师父要授他五尺，他却不要。谦虚的陈阳军师傅认为，做人只要勤快，做好自己的本分工作就可以了，五尺传承的责任太重大，必须要慎重。

王仕辉：擅长祖传的竹雕工艺。作品以土家族特色建筑转角楼、神堂、凉亭桥、冲天楼等为题材，以优质楠竹为材料，自制各种器具，学习吊脚楼建造工艺流程和手法，多年来致力于将土家族建筑实物按比例微缩成模型。2017 年，获得中国工艺美术协会"中国工艺美术大师"称号。

杨佳奇：13 岁跟随祖父学习家传木作和根艺，后跟咸丰县李永强师傅学习木雕技术，又向杨云坐师傅学习吊脚楼建造，技术很全面。自己开办盆景根艺公司，开发根艺非物质文化遗产文创产品。

张远龙：师从朱华明，修建木房，擅长做家具，目前在清坪镇修建吊脚楼。

刘亚：15 岁跟随父亲刘安喜学艺，个性活泼，能吃苦耐劳，长期随父亲在当地从事吊脚楼建造，广受好评，也是笔者所调研的工匠群体中最年轻的一位。

以咸丰县为例，能够修建传统木房子（吊脚楼）的工匠有数百人，但具有传统手艺的老师傅不足百人，其中真正的掌墨师不过 20 人。这些工匠年龄大部分在 60 岁以上，基本功扎实，勤劳耐苦，按照当地实际职业特点，很多人坚持终生劳作，但 50 岁以下传统匠人凤毛麟角，手艺断代情况很严峻[①]。

今天，越来越多的工匠认识到"非物质文化遗产传承人"称号给自己带来的好处，也更加有利于自己手艺的传播，但是官方认定的传承人名额有限，国家级、省级传承人[②]一般很难申请到，州级、县级传承人只是一个荣誉称号，技艺传承的任务是没有经费补助的。经费不足导致部分匠人对于参加公益的文化教育活动的积极性不佳。

从根本上说，民居营造的非物质文化遗产技艺既是广大工匠群体的集体智慧，也是历经数代人不断传承、发展的结果，尤其需要更多的人去保护它、研究它，如果只把传承技艺的工作希望寄托于少数有头衔的人，那么非物质文化遗产的传承就会遇到较大的风险，一旦具有称号的传承人受限于个人的知识面

---

① 20 世纪 80 年代以后，鄂西乡村木构逐渐退出历史舞台，被砖瓦水泥洋房所取代，因此出现传统匠人断层、很多木匠改行等现象。

② 省级传承人可以拿到约每月 500 元的补助费。

误传错传，势必会以讹传讹，从而给非物质文化遗产保护带来更大的负面影响。非物质文化遗产传承人应有竞争和退出机制，同时，媒体、专家、学术圈更应该理性客观看待，不能夸大有头衔的传承人的作用，而应该将眼光放到更加广泛的匠人群体中。

第二节　手艺家什

建造一座吊脚楼，世代流传的营造技艺必不可少，"三分手艺七分家什"①，只有一门好手艺没有相应的好工具，也是难以成事的。木匠出师都有属于自己的家什，根据个人的需要定制合适、顺手的建造工具。同时家什也关系到木匠做活路的效率和质量。

传统的建造工具种类很多，大致上可分为解料工具、画墨工具、打磨工具、平木工具和其他工具等。

一、解料工具

伐木解料的工具主要有斧头和锯子。

斧头（图2-4）：规格有很多，既可以砍也可以削，还可以转头当锤头使用，当地称"猫子"②，用于伐木、砍料、加工枋和梁等。

图2-4　月斧

锯子（图 2-5）：农户家里是必不可少的手工工具。用途非常广泛，大到建造房屋，小到分解柴火。木匠主要用其伐木、分解木料、切割造型等。锯子分为大料锯和小料锯，大料锯有切锯、框锯等，小料锯有圆锯、榫锯、杀路锯、收锯等。在制作之前先要找铁匠买锯片，再根据它的长、宽下木料制作。锯的主要部件及尺寸见表2-2和表2-3。

---

① 家什一般指的是木匠的建造工具，如墨斗、尺、凿、刨等传统工具。
② 当地方言"猫得很"，即很厉害的意思。

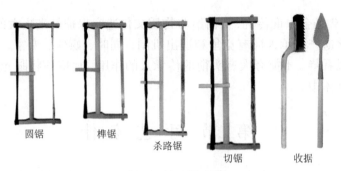

圆锯　　榫锯　　杀路锯　　切锯　　收据

图 2-5　不同规格的锯

表 2-2　锯的部件名称

部件名称	实物照片	材质	用途
锯子		杉木	连接锯站人
锯站人		红椿	手持握柄
转拐		茶树	固定锯片
翘片		木片与竹片	调节棕绳的松紧

表 2-3 几种锯的部件尺寸 单位：毫米

分类	锯子	锯站人	转拐	翘片	锯片	总长	用途
圆锯	625	335	100	85	1	690	锯片可以弯曲，切割不规则的造型
榫锯	554	295	96	178	2.3	620	解小料
杀路锯	643	297	110	284	2.5	720	
切锯	813	350	120	177	3.5	895	解大料，可以两个人使用

二、画墨工具

墨斗（图2-6）：木匠自制的用于弹墨线的工具。它由墨仓（墨仓中加黑墨）、墨线、线钉三部分组成，主要用于弹画长直线。画长直线时，只需要将线钉头扎在木头端固定，另一头将墨线对准要画的位置拉直，然后垂直提起墨线一弹，墨线就会印在木头上。墨斗是木作工具中最具文化气质的，它小巧玲珑、"满腹墨水"，它就像是木工师傅手中的画笔，精准地绘制出头脑中的设计图。

图 2-6 墨斗

画签（图 2-7）：用竹片削成，蘸墨后可以当笔使用，与墨斗成套。画签，既可以方便蘸墨，又可以在画线时把线捥进墨斗里使得墨水渗进线中。画签一头做刷子，一般用于画一些短直线，而另一头是尖头，用于一些符号的书写。

图 2-7 画签

尺：主要有角尺、尖角尺、板尺、弯尺四种，由尺梢、尺墩两部分组成。关于尺的分类与用途，可参见表 2-4。

表 2-4　尺的分类与用途

名称	图片	材质	用途
角尺			角度是 90 度，门框和窗框在下料制作、拼装都需要以此为标准
尖角尺		尺梢：楠竹 尺墩：檀木	穿尖切角的重要工具，用于制作斜角的榫，如板壁、家具、农具等
板尺			尺梢可以活动，变换角度，如修复残损构件，方便量角度，下料修复
弯尺		尺梢：楠竹 刻度表：牛脊骨 尺墩：檀木	用于开篙、画墨、讨退，是画线打孔的常用工具；它有点像丁字尺，一般用木头制作，上面有标注刻度

三、打磨工具

凿：一种打磨工具，用于打榫眼（粗加工用）。它分为荡凿、洗凿、刷眼凿、圆凿、方凿等，不同的凿有着不同的规格（图 2-8、表 2-5）。

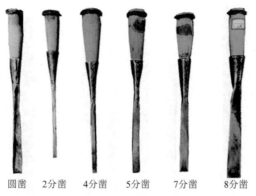

圆凿　2分凿　4分凿　5分凿　7分凿　8分凿

图 2-8　不同规格的凿

图片来源：刘薇拍摄

表 2-5　不同类别的凿　　　　　　　　　　单位：厘米

名称	图片	尺寸（凿柄×凿刀）	材质	用途
圆凿		8×20.6		用于制作圆形榫眼
2分凿		7.3×19	凿柄：茶树 凿刀：夹钢，经过淬火工艺	主要的开榫工具，也可雕刻吊瓜的造型
4分凿		9×20.6		
5分凿		7.8×20.5		
7分凿		9×20.5		
8分凿		8×22		

　　锉：用于磨锯子的专用工具，分为分眼锉、刷眼锉、洗锉等，有 2 分、5 分、7 分、8 分等规格尺寸。每种锉子的横截面都不同，功能也有所区别（图 2-9、表 2-6）。

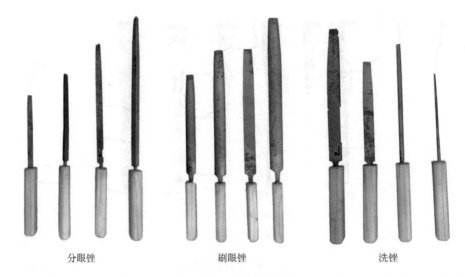

分眼锉   刷眼锉   洗锉

图 2-9 不同规格的锉
图片来源：刘依萱拍摄

表 2-6 不同类别的锉   单位：厘米

名称		图片	尺寸（锉柄×锉刀）	材质	用途
分眼锉	2 分		11.2×12.5	柄：红椿 锉刀：夹钢， 经过淬火工艺	分解锯齿的疏密，进行粗加工，传统锯条的锯齿密度较小
	5 分		12.1×15.8		
	7 分		11.2×21		
	8 分		11.3×25.7		
刷眼锉	2 分		11.3×21.5		对锯齿进行二次加工，主要是对锯齿进行平整、精细的工序
	5 分		11.2×26.5		
	7 分		11.2×26.7		
	8 分		11.2×32.7		
洗锉	2 分		11.2×12.7		用锉刀打磨锯齿，使其变得锋利
	5 分		11.2×20.3		
	7 分		11.3×15.5		
	8 分		11.3×20.7		

凿子的凿刀与锉子的锉刀都是要请铁匠手工定制，经过淬火工艺层层捶打，刀口锋利，经久耐磨。对木匠来说，能找到好的铁匠是不容易的。

匠人所用工具的尺寸常常与构件尺寸有所关照呼应，如8分凿，对应的是金栓（针栓）的尺寸。

四、平木工具

刨子（表2-7、表2-8）：用于加工木材表面，把粗糙不平的木面刨光滑，或成弧面，或线脚。一般刨越长，所刨木面就越平整光滑。因此，短的推刨加工毛料，长推刨精细加工表面。鄂西林木资源丰富，匠人喜欢用坚硬耐久的青冈木[①]制作刨子。

表 2-7　不同刨的规格

项目	底刨	清刨	光刨	夹口刨	凿心刨	单线刨	羊线刨	锁腰线刨	碗弧线刨
正立面									
横截面									
刨刀									
功能	主要用于处理公母榫、燕尾榫槽里的刨平，如寿枋这类大板材	主要处理板壁、地板的平缝（对缝），对板材粗糙的表面进行清面	刀口比较锋利，便于粗加工、洁面、滚柱头、倒岭、推圆所用	两种刨需要组合使用，才能制作公母榫夹口刨制作公母榫，凿心刨制作母榫，如楼板、板壁等需要拼接的结构		这两种刨的刀口很窄，制作家具、门、窗的线脚，增加装饰感		两者的刨刀呈弧形，刨子的底面也不是平整的，可以产生多种效果，制作弧面造型、装饰线条需要靠它们完成	

图片来源：刘薇和王曼文绘制

---

① 尤其是长于山岩上的青冈木，当地称为岩青冈。

表 2-8　刨的分类与用途　　　　　　　　　　　　　　单位：厘米

分类单位	刨长×宽×高	正面槽口	正面槽口与刨身的距离	底部槽口	底部槽口与刨身的距离	刨刀	操作把槽口	卡子
底刨	24×5.7×4.5	6.5×4	4	4×1	11	4.4	1.4	0.3
清刨	50×6.5×4.5	7×5	17	5×1	25	5	1.3	0.3
光刨	20×5.4×4	6.5×4.3	3.5	4×1	10	4.3	1	0.3
夹口刨	25×6.5×5	6.5×4.7	6	4×1	12	4.7	1	0.3
凿心刨	21.5×2.5×5	1.5×1	5	1.5×1.2	9.8	0.5	—	—
单线刨	47×2×5	5.5×0.6	16	2×1.5	23.2	0.6	—	—
羊线刨	14.5×3×3.3	5×1.6	7	1×0.8	8	1.6	1	0.3
锁腰线刨	20×3.5×3.8	6×2	9.8	2×0.8	10.7	2	1.5	0.3
碗弧线刨	23×5.5×4.5	6×4.5	5	4.2×1.5	12.5	4.5	1.3	0.3

　　在鄂西地区，刨身部分一般由木匠使用好料根据使用习惯制作，技艺师徒传承。关于木器制作的尺寸、样式、加工方式等，有整套的规矩来指导，这样的规矩通常会限定在一个师门内进行传承。

　　刨床部件的制作为"掏"，这一步骤在木器制作中属于较难的部分，通常是考量一名木匠是否合格的标准。刨刀接触斜面的角度要精确，斜面本身要平整（有凹处，略微下凹是让刨刀与斜面贴合良好的窍门），与刨刀贴合良好，同时刨口要窄，这样刨花不至于堵塞。刨子制作的尺寸有较为严格的规定，规矩代代流传。

五、其他工具

　　锤：在日常生活中比较常见的用于敲打的工具，分铁锤和响锤（图 2-10），

图 2-10　用响锤敲打柱侧面使榫卯扣合

其中响锤一般是木匠为起扇制作的锤击工具，枞树兜削成鼓形，楠竹做把，重约15千克。特点是锤击时将榫卯敲紧，敲打声大，但不会伤害木料。随着敲打声，榫卯结合紧密，木建筑的结构基本成型。

巾带：用稻谷草和竹篾搓成的粗绳，立排扇和上梁时用于牵拉。

罗盘：风水师看地使用，掌墨师一般看房屋坐向定位。

钻：手钻，用于钻孔。

油斗：擦拭刨子的油刷。

马口：加工木料时把木料固定在马板上的尖勾铁件。

鄂西木工工具的精细化设计与集采众长的特点，反映了鄂西匠作体系的成熟化。五尺、两杆等工具的创造性制作，还反映出对祖师爷、匠人信念的敬畏虔诚，以及对材料取用的禁忌信仰。这些价值（道德）观、情感、心境、审美趣味，都会在建造过程中产生潜移默化的影响，并不断内化。

熊国江师傅带着秦真学、秦磊、刘薇、李贵华等学员将常用工具逐件制作了一遍，隆重地进行了展示（图2-11）和解析。从技艺的角度来看，工具已经不再是简单实用器，有些工具造型精美，富有文化内涵，带着不同匠系、各个师傅的"手风"气息，其本身是极为朴实的工艺品。

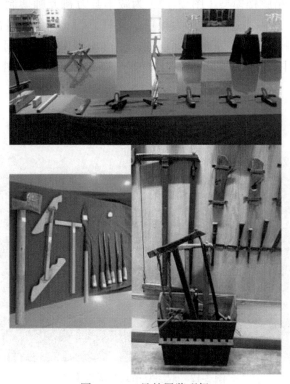

图 2-11　工具的展览现场

对手工艺的深层次研究须从人类学的理论立场出发，透过手艺人和创造的手工器物，认识人所创造的社会和文化。以人的生产生活为场景，以工艺技术为研究切入点，探讨物与人、人与人之间的文化关系，最终达到对人类造物活动的认识。

第三节 模型管窥

一般而言，模型是按比例缩小的实物样品。通过模型制作，不但可以观摩分析土家族吊脚楼实体的结构、空间、形态特征，还可以作为推敲营造工艺、分析其技术特征的有效方法。鄂西咸丰县近年来多采取模型大赛的方式比较匠师的手艺水平。不同匠师的模型作品，风格各异，不一而足，能够充分体现他们对吊脚楼营造技艺精髓的理解，也让他们的手艺大放光彩。本节引用相关模型案例，将其作为教学研究、分析的重要手段，希望从中能够了解更多的知识内涵。

一、双层双吊模型案例

双层双吊式吊脚楼模型（图 2-12）为咸丰县万桃元师傅制作，以楠木作为主体结构用料，以榉木芯板材作为板壁、栏杆、门、窗等构件的主要材料。松木制作栏杆。制作者在其表面涂上桐油，使得模型保存的时间更长，外表上的光泽度更好。因几种木材的颜色一定程度上有些偏差，模型外观上主要有黄、红两色。

图 2-12 双层双吊式吊脚楼模型

1. 结构特征

该模型为五开间的双吊式吊脚楼。正屋位于平整的地基上。厢房架于坡坎上，底层空间依靠"下吊柱"支撑，平面格局是"一正屋两厢房"，正屋两边的厢房皆沿正屋的垂直方向吊起，因此又被称为"双吊吊脚楼"。建造这种形制的大型吊脚楼通常为富贵人家，在装饰上也必然会丰富精细。

该模型在尺度、结构上均还原了土家族吊脚楼的形制特点，虽然外形有些粗糙，但结构特征基本准确，作为教学模型是合格的。

细节方面基本符合样式规则。例如，柱的制作，在方柱的基础上对其棱角进行加工，做成倒角方形。枋的尺寸偏小，但枋与柱穿插精准，正屋与厢房的交接合沟（图 2-13、图 2-14）、椽皮等部分交接关系等均较为妥当。

图 2-13 屋面合沟（模型）

图 2-14 屋面合沟（实景）

该模型表现的吊脚楼精华部分在于多面环绕的"走栏",又称为"跑马转角楼"。它是室内外的一个过渡空间,各个构件结合为榫卯结构,吊脚柱头部分也进行了一定的装饰。

2. 细部处理

由于材料与工具的局限性,模型细部装饰的处理上稍显不足。

该模型穿枋样式、大小、厚薄都十分统一,但尺寸明显过小。通常钉椽皮时,椽皮与椽皮之间距约为3.8寸,间距过小,瓦片则无法上盖。该模型的屋角脊处、位于中间的莲花瓣脊存在比例上偏大的问题。不难看出,制作者并非不知道屋脊的造型与建造方式(图2-15),而是在初期受到工具、材料等因素影响,没有找到瓦片造型合适的表达方式。

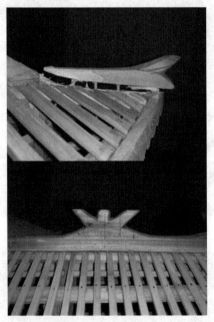

图 2-15 屋脊装饰
图片来源:胡莲拍摄

模型中有同样情况的还有窗、门、栏杆、柱头、柱础等部位的装饰(图2-16)。模型中不同部位的窗分别都有不同纹样的装饰,花样繁复。纹样多为几何形,呈对称形式,体现了土家族吊脚楼装饰独特的韵律美;从工艺来看,纹样的边角都有切割的纹路,线条不算流畅,窗、门、栏杆上都有画笔勾勒的线条的痕迹,制作者在手工雕刻时虽已尽力尝试,但迫于工具限制,细节的处理上显得有点心余力拙。

图 2-16 不同部位的窗、门、栏杆、柱头、柱础的装饰

图片来源：胡莲拍摄

二、单吊模型案例

该模型由鄂西某古建公司制作，该公司在鄂西当地承接仿古工程，但是这类古建企业在对传统营造知识的理解方面仍然还有很大的不足。

1. 结构特征

如图 2-17 所示，单吊式吊脚楼模型为 L 形。由正屋加一厢房组成，厢房是吊脚的形式，由吊柱支撑梁坊，顺应地势架空，形成悬空的挑廊（又称为"扦子"）；正屋布局三开间，堂屋处于中间，两边为"人间"，厢房则作为其生活空间的拓展，有两开间，其与正屋的转角处还有作为厨房的抹角屋。

图 2-17 单吊式吊脚楼模型

从侧立面来看，可以发现"水面"（屋面坡度）过于平缓，不符合当地做法规范。如图 2-18 所示，该模型厢房的排扇形制为"五柱二"，一根中柱、两根骑柱、两根金柱、两根檐柱。综合各立面图，可以看出柱径、柱间距、坊尺寸、坊间距、进深、开间、屋面坡度等相互之间的比例关系存在一定问题。纵向来看，正屋的排扇，中柱的长度为 39 厘米、直径 1.8 厘米、进深 30 厘米，如果以进深的长度为基准来衡量其比例，模型中这些柱子的直径、长度、间距都明显偏大。

模型中的穿枋都是由机器加工的圆柱制成的，这不符合土家族民居的传统做

法，穿枋（梁）的断面应为竖向矩形，其比例也存在明显的错误（枋的尺寸多为
2寸×4寸或2寸×6寸，高宽比应在2∶1或3∶1之间）。另外，一穿与二穿、
顶穿等之间的间距过大，穿枋布置疏密不当，显得过于随意，不符合穿枋布置的
章法。

图 2-18　单吊式吊脚楼模型的侧立面图

图片来源：刘薇拍摄

2. 细部处理

如图 2-19 所示，在该模型屋面的处理中，制作者用半圆形木条贴于木板上，
在竖条上雕刻横纹呈现瓦片堆叠的纹理感，虽在尺寸上有一些细微误差，但也不
失为一种工艺方法。

图 2-19　单吊式吊脚楼模型的屋面处理

图片来源：胡莲拍摄

在屋檐的处理上，其与封檐板的结构关系存在错误。一般情况下，吊脚楼的封檐板往往是固定于椽条的端口的，而模型中的封檐板则超出了檐口屋面的高度。另外，土家族吊脚楼中的封檐板的大雁纹样式是其装饰的一大特征，板高一般为 5 厘米左右，厚度约为 2 厘米，而模型中的封檐板尺寸明显偏大。虽然制作者对封檐板做了简单的纹样装饰，但因其尺寸的误差也显得不太协调。

许多传统建筑模型制作者在处理屋顶时直接在木板上雕刻瓦面堆叠纹样，能够快速达到摹仿的效果，大多手工艺者也较为认可这种处理方式，但该模型中瓦片与沟存在比例不当问题，屋脊也存在尺寸偏大的问题，雕刻手法也十分粗糙。

如图 2-20 所示，门、窗、栏杆等部位的装饰纹样以对称性的几何图案为主，该模型的纹样图案选择了简单、易于雕刻的类型。排扇的地脚枋直接落在模型的基座上，而土家族吊脚楼在排扇落地处通常会有磉墩与磉条石用来通风隔潮，这个细节的缺失让模型看起来有点别扭，显得很不严谨。

图 2-20 单吊式吊脚楼模型的门、窗、栏杆等装饰
图片来源：胡莲拍摄

三、单层双吊模型案例

1. 材料使用

该模型由杉木、红椿木、楠竹、土漆等几种天然材料制成。制作者使用杉木制作土家族吊脚楼模型的骨架与基座，将竹片切割做成瓦片，层层叠叠铺设于屋顶。模型整体和谐自然，构造清晰。由传承人熊国江师傅制作完成。

2. 整体构造

如图 2-21 所示，该模型为单层双吊式吊脚楼，即 U 形吊脚楼，从平面上来看，这种形式的吊脚楼就是在单吊式的基础上添加了一间厢房,形成一正屋二厢房的布局。

图 2-21 单层双吊式吊脚楼模型

该模型在整体上充分还原了土家族吊脚楼实体建造的结构,在细节的处理上也很精细。该模型的外侧边柱部分都不是直角,形成微妙的小角度内倾。在实际建造土家族吊脚楼时,排扇呈"八"字形张开,排扇立柱与地面相接都不是直角,即"四角八爹",这样做是为了使吊脚楼的结构更加稳固,不易倒塌。

模型中,制作者自制了精密细小的金栓来联结穿枋与柱,使其固定。即便是穿枋的高厚特征等微妙差异也有所体现。模型的构架中没有用任何胶水,完全使用传统木作工艺来固定各个构件。在处理檩子与柱的搭接时,在柱头上做好凹槽,使檩子能自然搭接于柱头之上。

如图 2-22 所示,在正屋与厢房相交接处,熊国江师傅使用将军柱作为转接的主要纵向构件,然后从两脊的交接处搭了一个龙骨(斜梁),斜梁的另一端与正屋、横屋交接的檩条顶端相接,形成一个转角空间("抹角屋""马屁股"),模型准确地表现了这一特色空间结构。

图 2-22 单层双吊式吊脚楼模型的侧立面图

3. 细部处理

对于屋面的处理，与前两个模型的处理方式不同。熊国江师傅在制作屋面时想出了一种十分巧妙的方法，可以原汁原味地还原瓦作的效果。他使用竹片作为原材（其厚度和弧度与实际的瓦片相近），将其切割为上千片小瓦片，再一一铺设于屋面上，在屋脊处，还可以堆叠出瓦片的装饰造型。

熊国江师傅制作的模型已过 4 年多，屋面仍没有任何变形的现象。除了屋面部分，封檐板的装饰与安装也是按照实际营造工艺来制作的，模型中的封檐板贴于椽皮的外侧，使用气排钉进行固定，并进行了简单的装饰，与整个屋面形成了和谐的整体。

翘角挑是土家族吊脚楼中最为精华的构件之一，熊国江师傅也将传统做法再现到模型之中。如图 2-23 所示，在屋檐下挑枋上有一根弯曲的龙骨（鄂西称为龙骨，江南称为角戗），后端榫头插在檐柱之中，前端搭在挑枋之上。通过撑起屋檐转角部分到一定高度，再在上面铺设椽皮与瓦片，就形成了檐角高高翘起的"翘角挑"，十分美观。

图 2-23　翘角挑

熊国江师傅制作表现的主要是结构框架，没有安装门窗、板壁等。但从栏杆、吊瓜与大门这几处可以看到局部的装饰（图 2-24）。窗户采用了较为简单的格纹，栏杆也是土家族吊脚楼中极为常见的直棂栏杆。模型大门的上部有咸丰县朝阳寺镇传统的"打门锤"。该模型中的"打门锤"比例稍有放大。

图 2-24　双吊式吊脚楼模型的装饰部分

熊国江师傅经过思考后，认为如果按照实际门锤大小缩比制作可能效果不佳，于是做了"大门锤"，这是匠人对建筑构件格外重视的体现。传统匠人在制作模型的过程中，并不是像机器一样完全客观地还原，而是在局部和细节中加入自己的想法，传达了某种工匠观念，是一种再创作，在一定程度上是对建造旨趣的还原。

四、项目教学模型案例

1. 四面耍吊脚楼

四面耍吊脚楼是学员熊应才的作品（图 2-25），"耍"是鄂西方言，接近四川话，意思是玩、休闲。鄂西吊脚楼民居中，将檐下吊脚的走廊称为"耍子"，有休闲娱乐空间的意思。四面耍就是屋檐下前后左右四个廊子。该模型体现了干栏建筑层层出挑、扩大使用空间的灵活性优势，也体现出干栏结构的多样性。因此，当干栏建筑的一些特性得到进一步发展和应用时，它便会呈现出某种非本土的新奇性，该模型有些类似于黔东南侗族多层吊脚楼的特点。

图 2-25　四面耍吊脚楼模型现场展览图

该模型以 1∶14 的比例构建，总长宽为 109 厘米×86 厘米，分为五层，是一个典型的多层干栏的案例，正屋分为三间，七柱二。整体上大下小，四面走廊逐层出挑，便于观景眺望。悬山加披檐，可遮挡雨水。楼层较多，上部楼层空间更大[①]。

该吊脚楼依山而建，因地制宜，结构上呈阶梯状，入口楼梯多设在侧面，一楼封闭多设置仓库、火塘等，楼梯上二楼堂屋处为生活起居空间，三楼为休闲空

---

① 模型尺寸，一楼高 14.5 厘米、进深 17 厘米，二楼高 16 厘米、进深 47 厘米，三楼高 16 厘米、进深 52 厘米，四楼高 16.8 厘米、进深 65 厘米，五楼高 21.2 厘米、进深 65 厘米。底座长 107 厘米、宽 69 厘米、高 18 厘米。

间或可用于晾晒等，四楼（阁楼）一般用作储藏[1]。

2. 美人靠吊脚楼

美人靠吊脚楼（图2-26、图2-27）是熊应才、李贵华合作完成的。该建筑模型吸纳了壮族、苗族、布依族干栏建筑的特点，柱子全部架空起吊，"全干栏"形制比较古老，更具山地民族气息。

图2-26 美人靠吊脚楼模型（一）

图2-27 美人靠吊脚楼模型（二）

双面坡檐主屋面加上两侧的雨搭，建筑的屋面看上去更像是歇山类型。这一样式借鉴了壮族吊脚楼的屋面造型，与土家族俗称为"枕头水"的屋顶样式相映

---

① 材料选用红椿木，质地坚韧结构细腻、手感轻软、不易变形。模型体积小、易运转，排扇由柱子跟川排以榫卯结构穿连组成。

成趣。楼层不多，底层猪栏牛圈，主要生活起居的火塘、堂屋都在一层。入口楼梯设在正面堂屋檐廊下，绕至右侧上楼，阁楼多存放粮食、放置生活用具。

　　3. "撮箕口"吊脚楼

　　"撮箕口"是项目组教师、传承人陈忠宝制作的模型（图 2-28）。该模型为纯手工制作，屋面瓦片使用纯木切割打磨，凝聚了陈忠宝师傅两个月的劳动心血。建筑榀架结构为正屋五柱四转厢房五柱二。屋面是"马屁股"转角样式。

图 2-28　"撮箕口"吊脚楼模型现场展览图

图片来源：武瑕拍摄

　　在鄂西地区，有些匠师在制作土家族吊脚楼模型时没能有效地利用现代加工技术与新材料，使其自身的竞争力日趋下降，这也是传统手工艺面临的时代困境的一个缩影，令人惋惜。现代仿古工厂的经营者往往出于商业营利的考虑，大规模、快速地制造模型。制作出来的模型是机械化的同质性产品，尽管材料美观，加工精细、色泽好看，但迥异于传统手工造物，仔细对比后可发现，它们构造简化，细节被舍弃或变异，已经逐渐背离传统营造的智慧和文化。例如，现代模型制作柱头通常是批量下料，粗细均匀好看，上下通直，但在实际营造中，基于所得材料的考虑，工匠会根据具体的建筑部位灵活排布变通，用材大小、粗细和斜度不尽相同，具有多样性，甚至很多弯料也可以发挥作用。这些手工营造中的特色在现代模型中就被忽略了。

　　因此，应对传统文脉的断裂问题，我们需要不断补充与更新传承人的知识，同时还要促进传统手工艺隐性知识的显性化，重构和融入新的文化范式和基因，解决营建实践中行业规范的松弛问题，纠正创新的误区，不断扩大创新的应用范围。

第三章

自 然 符 码

"人因宅而立，宅因人得存，人宅相扶，感通天地"[①]，可见人们早已赋予住宅天、地、人三者和谐发展的理念。在土家族生态文化中，人与自然的界限既清晰又模糊，二者构成和谐的一体。即便是乡土民居，也从图腾崇拜、民俗禁忌、乡规民约、造型艺术等诸多方面，折射出土家族无处不在的生态观念与生存智慧。

自然崇拜在鄂西干栏营建中如何体现？借用哪些媒介表达？通过由表及里的观察研究可以发现，在传统营造的各种事项中，既有外在表达自然主题的造型与装饰，也有营造环节中不易明察的隐性内涵。其中，多维度、深层次的符号价值体系对于当代营造的生态知识学习、生态技术的继承具有重要的启示作用。本章以几个案例，从多角度进行分析，诠释土家族吊脚楼营建中的生态符码与自然意蕴。同时，这种颇具人本关怀的自然崇拜应该可以触动我们去反思现代人居相对匮乏的精神内里，以及思索当今生态文化的传承问题。

第一节 自 然 崇 拜

土家族主要聚居于鄂西、湘西、川东、黔东北这一片武陵山区的沟壑之中，自先秦以来少有移徙。地理的天然闭塞性和政治的相对稳定性造就了其文化的特殊性与保守性。千百年来，土家族生存繁衍与自然环境紧密地联系在一起，形成了稳定的文化传统。

---

① 张述任著，张怡鹤绘：《黄帝宅经：风水心得》，团结出版社 2009 年版，第 87 页。

关于天地万物与大自然起源，不同的民族有不同的传说，不同民族关于宇宙诞生、人类起源的思想尽管不太一致，但具有某些相同的结构。[①]古代土家族信仰多神，表现为自然崇拜、图腾崇拜、祖先崇拜、土王崇拜等，巫风尤烈，道教、佛教在武陵山的传入也对本土民间宗教仪轨形成了一定影响。

鄂西土家族人崇信山神，他们认为山神护卫着山中物产，鄂西地区普遍有祭山的习俗，各地建有"山神庙"或"山王庙"。正月十五后上山铲土，要隆重祭拜山神，备办刀头[②]、香、纸、烛、酒等。上山动土前，在山脚下要先敬山神才能上山开始劳作。打猎、修屋、伐青山[③]、砍畲[④]等之前也须先祭山神。土家族吊脚楼是全木结构，取材全部来自山林，其中蕴含着朴素的自然崇拜。[⑤]

一、风水观念

鄂西传统风水相地历史悠久。山民建房通常会找风水师选址，他们认为好的选址会给家人带来福祉。例如，"阳宅对坳，阴宅对坡"是土家族人选址中阴阳观念的体现。它的意思是，房屋要对着山坡垭口处，南面可以接纳凉风；而坟墓要对着山坡，可避免扰动。这些口诀蕴含着地理、气候知识，当地人将这种风水认知上升为居住规范与日常生活的禁忌。

1. 山屋一体

在土家族人的自然观念中，房即是山，山即是房。二者是一种整体的关系，居所坐落于山水之间，与自然山水融于一体。在建筑空间设计上，架空、悬挑、掉层、叠落、错层等干栏空间形式，既是建筑适应山坡地形的最佳方式，也是生活方式与自然最大限度地相融合的体现。吊脚楼除了吊脚悬空的底层部分外，外部都有耍子（也称为走栏，类似阳台），即今天所说的室内外过渡的"灰空间"。这些空间即与自然联系、对话的场所。在竖向功能安排上，楼下的吊脚部分可以存放农具、储存粮食、饲养耕牛。"上以同处、下畜牛豕"，这种立体复合式建筑空间格局既对应了南方少数民族扎根山林的复合式经济结构，也反映了与植物、动物和谐共生的理念。

---

① 如三皇五帝、盘古开天地等传说依然为其他民族所广泛接纳。

② 大块熟肉。

③ 砍料。

④ 原始的生产方式，砍伐草木火烧从而获得草木灰，又称"砍火畲"。

⑤ 土家族信奉多不胜数的自然神灵，主要有白虎神、梅山神、火畲婆神、土地神、灶神、门神、社巴神、财神、井水神、树神、雷公神、风神、瘟神、地仙神等。

木匠称呼有底层架空空间（由下吊柱支撑）的干栏为"吊楼"（鄂西方言），将"吊脚楼"的"脚"字直接省略掉。"吊楼"二字体现了一种飘浮感、一种摆脱重力的气质。木结构形象如同中国画笔墨一般轻灵地浮掠在山林间，具有骨感美、线条美，从生态视觉审美意向而言，给人一种悬浮于山林坡坎的视觉感受，也是充分融入自然的一种意趣。

2. 人屋一体

土家干栏的经典格局是"一正屋两厢房"，该布局具有气候的适宜性、功能的组合性，能够适应多种山坡地形（图 3-1）。在鄂西山坡地，该格局通过经验总结推广，已形成了一套经典空间范式及其应变法则。无论是匠人还是普通山民，"后有靠，左青龙右白虎"口诀均朗朗上口，深入人心。这种建筑布局形成了一种新的空间，一个新的人居小环境，具有十足的弹性和可塑性。它充分显示了鄂西人屋一体的自然观念的最大价值。

图 3-1　三合院的围合布局

例如，来凤县独石塘古村（图 3-2），村内房屋依山傍水，祖屋通常最早建造，位于村内最高山坡处，景观视野极佳，开阔平远，不仅体现了土家族先民选址中对景观的极大重视，更能体现出家族延续、长幼有序的儒家伦理思想。

正屋与堂屋的坐向（当地也称之为"字向"）代表堂屋的朝向，是把控全屋最为关键的一根轴线。坐向的确定对全屋的布局与构架具有较大影响，后续扩建、加建，包括分灶成家、另建新屋都会依此形成聚落生长的秩序。

图 3-2 来凤县独石塘古村选址

在造型方面，匠师对于自然的造型更为认同，这些造型一方面追求自然的具有生命感的审美，而不是没有生命的机械直线；另一方面也是以屋比身、人屋同体观念的细致体现。例如，他们欣赏人字水的屋面，具体以"抬檐""冲脊"等施工方法来塑造屋顶微妙、柔和的曲线，表达屋面反宇向阳、静中有动的审美传统。升山使屋脊呈现向两边向上略微提牵、弯起的形态，使大屋顶更富有积极的生动气息与活力，以及弹性的生命体特征。

从正屋屋面经过转角屋转折到厢房屋面，再到覆盖厢房走栏的丝檐，这是一个完整的序列。走栏屋檐（丝檐）角部翘起之处被工匠称为"衣兜水"（图3-3），即形态似衣兜两角牵起、飘逸柔和，充满女性柔美的气质，与正屋深沉的"父性"空间形成既对比又完美融合的一体。

图 3-3 厢房丝檐部分的曲面屋顶（衣兜水）

这些具有拟人化概念的造型均具有实际的结构的合理性价值，如"四脚八叉[①]"，字面意义上，感觉似人一般"八"字形站立的姿态，也是土家族匠人对排扇的整体性考虑，类似宋式"侧脚"，有助于强化稳定性。这些赋予结构曲线的传统建造技艺，不仅在视觉上显得富有张力，也充满了自然有机的美感。

二、取材用材

土家族的排扇是一个整体性结构的设计。山中的细木料可以组织成为排扇，从高大的厅堂楼阁到矮小的偏屋，甚至猪牛圈均适用，使这种结构形式对于大众生活需求有较强的适应范围，具有以材为重、节约用度、整合材料资源的意义。

每个构件皆有名称，都有具体空间中的功能和文本。匠人自制了木匠字对屋架的百千个构件进行编码，作为一种工匠内部的交流语言，木匠字一定要写于构件的正面（示人的一面），墨签标记，并永久地渗透进木料。飘逸的行笔书写于木件之上，带给木料以灵气和活性，似乎木料之构架也有了冥冥归属和更高阶的生命，体现了一种尊重自然的观念（图3-4）。

图3-4 木匠字

---

① 音 zhà，〈方〉张开。湖北方言，拟人化的语言，形容房屋的柱列类似于人的双脚，微微呈"八"字形。

1. 生长朝向

土家族工匠立柱子须恪守树梢朝上的原则。一是"就用"，体型合理。二是"就料"，因材利用，避免浪费。杉树树干通常较为笔直，梢部逐渐变细，上小下大，类似于宋代柱式"收分"的效果，视觉上显得稳重。另外，所有穿和枋均要保证一致的树梢（头尾）朝向。穿枋、檩子等也有朝向要求。总体看来，东中排扇好比树的根部，向东西（正屋与厢房）的各个部分蔓延生长。

室内物件也遵循这种自然力，如室内床榻的方向并非服从绝对方位，而是需要顺着梁木的方向摆放。内部的板壁、大壁也是由下至上的安装顺序。这既是尊重物料的特性，也是一种与自然的和谐对话。不过这种原则并非机械死板，"大料一顺，小料不论"，"自然主义"虽是一种自然观，但始终与实际的使用需求相结合。

鄂西土家族吊脚楼的各种立柱必须是一根树料，不能上下镶接，这有别于苗族等民族的营造（柱料可上下拼接），显示其对树木的尊崇。对比来看，湘西永顺县土家族地区营造做法是柱柱落地，形制虽然古老，却略显刻板。鄂西土家族则要求所有瓜柱都要落到一穿之上，显示出变化中的传承与坚持。

冲天炮，也称"伞把柱"，土家族匠人尤其看重这根转角的结构柱（图3-5）。鄂西匠人关于冲天炮的解释各不相同。从结构关系上看，纵横向受力杆件（梁枋）均与这根柱子有关。武当山有"一柱十二梁"的说法，体现了民间对于这一特殊景观的重视。就民族建筑文化比较而言，这根主柱也可以理解为土家族人生命本源的自然崇拜。

图 3-5　冲天炮（转角结构柱）

2. 顺应自然

吊脚楼中，穿插于柱间的穿是连续性的建筑构件，有硬穿与花穿之别（硬穿偏多）。穿使建筑内部有序统一，增强了空间进深感，从上阶沿、进门到堂屋内部，室内水平向的绵延感十分明显。

挑是穿的末端处理，也是土家族吊脚楼区别于其他民族吊脚楼的独特造型。它的取材很有特色，山地的很多树木会生长成弯曲形态的树兜（图 3-6）。土家族匠人因材利用，并不会放弃这块弯料，而是将其巧妙地运用到建造中。挑的类型丰富，有板凳挑、牛角挑、大刀挑等。挑不同于牛腿、雀替、斗拱等斜向支撑的构件。在穿斗架中，挑是穿枋连续穿过柱身，最终延伸到檐下并支撑檐檩的受力构件。从结构上，挑与穿是一个整体，可以看作穿的起始，它显示了一种重要概念，挑与穿是连续的、一体之物。

图 3-6　生长成弯曲形态的山地树木树兜

挑体现了简洁直接、雄浑有力的构建气质。它展示出力度和筋骨，且不失柔美。挑向上雄起的弧线、简洁昂起的挑头造型，喻示着从土地中生长出的建筑力度和精神。挑枋构成了屋檐下的空间，同时也是极具特色的视觉焦点。

土家族吊脚楼的挑不同于其他民族（壮族、侗族）平直穿插的平挑，它自柱头延伸出一条弧线，是穿枋结构在檐柱外向阳处承托屋檐的率直表达，形成了翘檐（人字水）关键的支撑性设计，构成了多种挑的类型（图 3-7），更是一个关于自然崇拜和生长向阳的宣言。

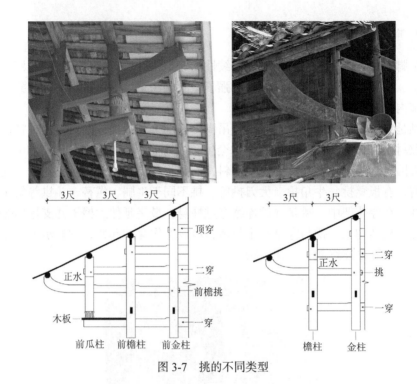

图 3-7　挑的不同类型

三、生命崇拜

干栏建筑的吊脚部分对自然生态环境的干扰很小，底层架空一般为猪牛圈，适宜动植物生长。土家族的正房部分一般不吊脚。土家族有祭祀家祖的习俗，正房是春祀秋尝之所在，堂屋成为沟通天地、人神、阴阳之器。因此，从架空的底层到厢房、堂屋等处，以及先祖香火案的纵向位序来看，这是一条和谐的生态链条，将人、动植物、祖先与神秘的自然融为一体。

1. 地天通①：祭天与敬祖

正屋和厢房的交界处，由于高度差的原因，在将军柱处形成了一个类似歇山顶的三角形山面，当地一般留作洞口，俗名"鸦雀口"（图 3-8），孔洞小的或称为"猫洞"，具有通风、采光的效果。吊脚楼最有特色的是丝檐、龛子。厢房的山墙用一雨搭与侧面挑檐相接，成为类似歇山的丝檐，形制古拙，饶有趣味。

---

① 根据古代民神杂糅的传说，神可以自由地上天下地，而人也可以通过天梯，即黄帝所造之昆仑山往来于天地之间。

图 3-8 鸦雀口

当地工匠对鸦雀口有不同解释。有人认为，它是仅限于正屋与厢房交接处的高差形成的洞口；也有人认为凡是顶穿上部三角形的留空（不装板壁）都是鸦雀口。

关于鸦雀口的功能，说法更显神秘。很多匠人认为，这个不封堵的空洞是留给偷盗者的逃生所在。意思是房里遭遇盗贼盗贼必然会逃走，也给他们留条活路。王清安师傅提出一个更古老的民俗说法，即鸦雀口是祖先亡灵回家享用献祭的通道，如果将其封堵了，亡灵便无法回家。火塘—伞把柱—鸦雀口是一条从地到天的通道，蕴含着古老深厚的文化意义。虽然其实际功能是加强晾在屋顶上的粮食的通风，但是这一实际功能并不被匠人提及。

土家族日常生活器物中大量具有"天地相通"内涵。例如，以前家家户户使用的碓子（图 3-9），是用来舂米的农具。一般房主会把它放置在转角屋中，与灶台、火塘相邻，从转角屋上楼即可到存放粮食处，便于使用。"民以食为天"，粮食意义重大，这一家用农具便获得了与众不同的符号意义。"上春三十三天，下春十八地狱"，指的是舂米的大木棒的尺寸设计规范，即这根木棒两头的长度规定。舂米时频繁发出声响，是否土家族认为这种劳动是对天地自然的一种"叩谢"仪式？人们使用这件工具获得赖以生存的食物，其造型是否便代表了天地相接？

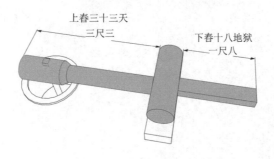

上春三十三天
三尺三
下春十八地狱
一尺八

图 3-9 舂米的碓

2. 家屋：天地阴阳与生命观念

鄂西土家族传统观念认为，堂屋内分阴阳：一是天阴地阳，二是后阴前阳。很多构件也天然蕴含阴阳观念，树木在生长过程中由于接受日照多少的区别，形成了阳面和阴面。例如，吊脚楼中梁木（主梁）、看梁两个构件呼应，梁木（主梁）使用阳面木料，看梁使用该木料的阴面来制作，均具有不凡的意义。在地方立屋的民俗中存在一系列繁文缛节，以保障梁木受人尊重的神圣地位。例如，梁木不能被人踩踏或者从上部跨越（如果被跨越就必须重新取材制作）；妇女不能在上梁的过程中触碰到梁木；开梁口时凿下的木屑要用红布全部兜住，木屑不能随便处理等。

方位感和序列在吊脚楼中是十分明确的，从大门枋、灯笼枋，到位居中央的大梁、香火枋，是从室外到室内、水平方向的递进序列，也是向高处的递进。檐柱、二金柱、瓜柱、中柱是垂直方向的序列，以中柱为最高的核心，建筑内部有了序列、主从关系。这些构件也有家族成员地位尊卑有序的隐含象征作用，如瓜柱（又称"骑童"），形态类似于跨坐在穿枋上，隐喻为孩童。堂屋中的东、西二中柱因托起"梁木"，更是家中的"顶梁柱"。

梁与枋在吊脚楼中都位于开间方向，有联系榀架的作用。虽然排扇结构属性相同，但是需要从空间位序关系考察其结构系统性的设计意义。

梁木与天欠在构造上，位于堂屋的梁木高于其余的天欠（图3-10），并被两侧天欠的端部（龙牙）所托举，形成了最高的标高。堂屋中伴随主梁的"天嵌""龙牙细榫"等构造旨在烘托堂屋主梁的尊贵。

图3-10 模型中的天欠、梁木

土家族掌墨师认为，天欠是正屋必备的（厢房可以不设），与天欠相对应的是地欠。从位置来看，这些称谓分别意味着其是最高、最低的一个枋件[①]，也就喻示着该构架的天地相接（或建筑即天地之间的表征）。

灯笼枋（图3-11）属于堂屋中唯一凌空的构件。掌墨师认为它必须是一块木头解下来的两块料（蕴含着自然观与阴阳观），它是堂屋室内结构上最对称、视觉上最显见的一对构件，这种取材和做法可以提高房屋的建造水平和规范性。鄂西很多地区的灯笼枋巧妙地使用弯曲度很大的木料，向上拱起，极具张力和表现力，这是将尊重构件制作的需求与自然崇拜结合得十分高明的建造范式。

---

① 梁木之上的檩木，从属于屋面体系，并不在房屋内部体系之内，而且屋架高度一般都算到柱头的坐口，由此可以看出檩木不属于排扇的体系。

图 3-11　高高弯起的灯笼枋

3. 香火：祖先神崇拜

土家族堂屋中的香火神龛（图 3-12）是祭祖的所在。土家族认为，神龛是祖先的安息归处，家中的祖先也是神灵，可以庇佑子孙后代，还可以保护整个房屋和家中牲畜。

图 3-12　香火神龛

图片来源：马港澳绘制

香火神龛虽然是一个平面结构，但是它浓缩着少数民族对于"中柱崇拜"或"杉树崇拜"的隐含意蕴。香火板壁由 7 块或 9 块木板拼合而成，而这些木板需要遵循从同一棵树木上取料的原则，并且使用朝向也是树梢朝上。

土家族匠师认为，如果一根大木料足够，从下到上依次应用作神壁、梁木、脊檩的用料。这三件构件应该是同源同属同构的概念。神壁香火板取材自树木的下部，即树兜部分；梁木采用树木中间的主干部分；脊檩使用树木的上部或分杈部分。这一取料的讲究所蕴含的时间结构关系再次表达出香火板象征着祖宗神灵的文化内涵。

香火板处于中轴线上，或相当于堂屋后部的板墙，香火板壁的宽度需要讲究尾数冠字，一种说法是其宽度不能离开五分半（不离五，代表五方五位），事实说明香火板是房屋中心的概念，香火板的左右八字板所贴的字符等各种符号系统（图 3-13），都在这一轴线上反复重叠加强。

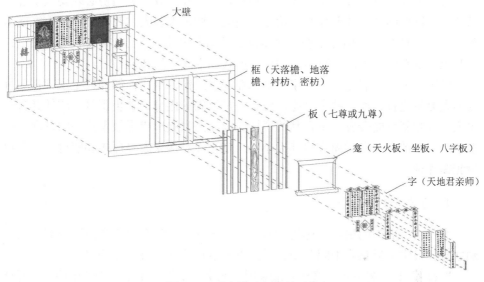

大壁

框（天落檐、地落檐、衬枋、密枋）

板（七尊或九尊）

龛（天火板、坐板、八字板）

字（天地君亲师）

图 3-13 香火构造与符号系统

香火板和中柱一样，是通天地的。鄂西土家族掌墨师对于堂屋的整体结构有着一种独特的体系化、精细化的传承设计，贯穿香火板、堂屋的中轴线，要能通天：向上投影至屋面，屋面此处须是两个木椽皮的空隙（瓦的底面），而不能是椽皮本身。

湘西土家族的丧葬民俗"开天门"也印证了旨在通天（透气）的这一构造意义。土家族认为灵魂是无色、透明，类似于气的一种存在，人亡去后需要在堂屋神龛上方的屋顶上揭开几片瓦，开个天窗，并在天窗口置一个纺车，即"开天门"，表示指引亡者魂魄上天。[①]这也说明，鄂西堂屋中轴线预先设计好的椽皮缝隙就是"天门"。

---

① 在葬礼中梯玛所唱《丧歌·辞家》更向人们展示了"魂魄"离开躯体后的全过程：人死亡后，其灵魂从躯体中游离出来并依依不舍地辞别生前使用的牙床、衣柜、衣箱、梳妆台、火床、灶房、灶台、水桶、水缸，然后与家辞别。

从土家族丧葬仪式中可以看出，万事万物都有神灵，皆可以由灵或魂转换为神，先人灵魂也可以入座神灵接受香火，进入神灵的行列，成为家神。虽然鄂西相关丧葬风俗略有不同，但堂屋的构造说明了这一建构传统的意义。土家族认为人有三个灵魂，归宿分别是天堂、深山和神龛。[①]土家族的丧葬习俗也验证了此种观念："开天门"就是将灵魂送上天堂，葬后第三天早上的"捉魂"则将魂魄送上神龛，而将魂魄送到"深山"则是其归于天地自然的另一种表述而已。

大门中线与香火板的中轴线不能相对，要错开3分，大门枋必须要低于香火枋8分。这些细微尺寸差异并未给堂屋空间结构带来多大的改变，但是土家族认为堂屋虽人神共处，但并不在一个空间，应各行其道。[②]在土家族人的观念里，生与死并没有什么不同，只是一种生存形式在空间上的转换而已。

堂屋是人神共居之所，土家族禁忌在房屋内伤害生物，如湘西土家族在七月或祖先诞生之日，蛇、蛙等进屋，便认为是祖先的化身，禁止驱打，放任其自行出入，否则就可能会发生不吉利的事情。由此土家族形成了敬重家神的日常生活禁忌，如严禁在神龛对面大门外大小便，禁止面对神龛赤身裸体和解裤子，以免触犯祖先神。

4. 门神与屋檐童子

大门，一般为两扇，又称为"财门"。土家族大门有"六合门"，有六六大顺之意，日常生活只开中间两扇，遇到重大节日活动，可全部开启。

"财门"要上宽下小，这样才能聚财；而房门要下宽上窄，为"生门"，寓意妇女生产顺利，不难产（卧房是母体的象征）。

大门在结构上，分为门板、门闩（图 3-14）、门杠、门包、门槌，均为一对。在鄂西，门槌具有重要的象征意义，很多地方民居会安装门槌。杨云坐师傅更是直接指出，门槌就是门神二将（唐朝秦叔宝和尉迟恭）的化身，具有驱邪之意。

门闩（两个木条）的插法也十分讲究：上面从右向左、下面从左向右插为"月小"（指公历只有 30 天的月份：公历每年的 4、6、9、11 月）；上面从左向右，下面从右向左插为"月大"（指公历有 31 天的月份，即公历每年的 1、3、5、7、8、10、12 月）。

---

① 田清旺：《土家族灵魂观念研究》，《中南民族大学学报（人文社会科学版）》2006 年第 3 期。

② 神龛的尺寸依据鲁班尺，可以同时"冠财"（财、病、凝、离、财）和"冠生"（生、老、病、死、苦），而大门一般只"冠财"。

图 3-14　门闩

　　土家族还崇信屋檐童子（图 3-15）。屋檐童子传说是镇宅的神仙，睡在屋檐的瓦片上，守护着建筑的屋檐部分。屋檐部分对于鄂西居住的意义非常重要。在重要年节，山里人家便在阶沿下烧香，祭拜屋檐童子。门神和屋檐童子代表了鄂西民居镇宅的两道关卡，守护着家人。民间丧仪歌谣为证："说他已过地坝院，眼看要到屋檐前。心想一步上街檐①，屋檐童子作阻拦。大币钱财烧灵前，快放亡者过屋檐。亡者屋檐才过定，一心想把大门进。左门神来秦叔宝，右门神是胡将军。领了唐王亲旨令，金瓜铖斧保财门。"②

图 3-15　阶沿下的燃香祭屋檐童子

---

① "阶沿"写成"街檐"。
② 金述富、彭荣德编著：《土家族仪式歌漫谈》，中国民间文艺出版社 1989 年版，第 202 页。

综上所述，具有神圣意义的造物内涵尽管在屋内很多构件中都有体现，但最为集中的表现处仍然是香火神龛、梁木、大门三处。这三处讲究甚多，构造紧密对应，逻辑严密，具有系统的符号价值。外观上，香火神龛、梁木、大门又是三点一线，体现出堂屋中轴线的重要性，它隐喻为"香火绵延"，体现出土家族原始崇拜与儒家伦理文化的深度结合。从干栏民居发展的历史视角来看，火塘、鸦雀口应当出现得更早，但在历史的更迭中似乎已经流失了一些古老的符号语言，或者它们的文化意义已经融入新的物质空间载体中。

一方面，乡民秉持着"香不乱烧，神不乱请"的原则，对"天地君亲师"保持着敬畏，勤勉劳作，本分为人。另一方面，他们又寄期望于那些超自然的力量，希望能够趋吉避凶，给自己和子孙后代带来好的运势与福音。建筑空间的本质是为人们提供物质生活的基础和保障，由于它与人的健康福祉紧密相关，山民便不免将更多的福祸想象与之关联，建造也就具有了"敬神如神在"的色彩，掌墨师也就具备了某种与普通匠人不同的权利和责任，造物的每一个流程似乎也就有了非凡的品质，在非凡与日常之间穿梭游走。

第二节　构件装饰

在与土家族匠人交流技术的细节之处时，笔者可以感受到深厚的吊脚楼营建文化底蕴，如陈忠宝师傅讲述的很多古老知识让人印象深刻。

"在合沟处，做成蝴蝶造型，因为蝴蝶离不开水，并且正屋转角合沟水多，堂屋挂鸡毛，鸡毛是用鸡公的冠子血挂号。"[①]陈忠宝师傅所讲的合沟，是指正屋和厢房屋面汇水处，即屋面排水沟。鄂西多雨，排水沟通常较宽，大型房屋汇水甚至是双沟，承托沟底瓦片的木料较普通椽皮厚很多，那么这一处衔接檐板的造型的确需要精心设计，做成蝴蝶挥动翅膀的剪影曲线（图3-16），通常比一般封檐板的高度大很多，能够遮挡住里面的木条，非常实用、巧妙。同时它将檐角的直线转化为优美的曲线造型，屋面又称为水面，水边有蝴蝶的翩翩身影，体现了土家族匠人对于装饰的态度、造型的精致性与文化的灵性。

陈忠宝师傅还强调了立排扇时的一个小但重要的程序——"鸡毛挂号"。"鸡毛挂号"是一种临时性的重要装饰符号，在立排扇仪式后，要将祭鸡的鸡毛粘贴于中柱的5尺高度处，鸡毛凌风飘舞，具有神秘甚至带点肃杀的气氛。与其说是装饰，不如说是一种特殊的符号寓意。

---

① 笔者与陈忠宝师傅的访谈记录。

图 3-16　汇水处的蝴蝶造型

　　传统吊脚楼是没有建筑师的建筑，它是一种集体无意识的经典建构创作。普通的山地民居，大多没有精美的装饰，对于久居城市的人来说可能感到比较原始，有一定的距离感。

　　土家族吊脚楼在视觉特征上，一是从建筑外部看，有空间错落之美。有丝檐、走栏、窗花、门锤，即便是吊瓜装饰，也朴素乖巧。二是进入建筑内部，更多是构件的细节之美，灯笼枋、露明瓦片、包红布的梁木等构件均经过率真大方的处理；袅袅炊烟、鸦雀口的光线、吊挂的腊肉，都是很吸引人的生活景象，在新乡土主义设计中应保留、延续这些视觉文化元素。

　　吊脚楼的装饰有大有小，并不刻意为之，它们蕴含在山人的生活中。某种意义上，土家族民居的雕饰大多是比较简约的，表达的主题为当地的植物、动物等自然崇拜要素，呈现十分明显的地域生态特色。其在与汉族等其他民族文化交流过程中吸纳了很多装饰要素和特色，演变为类型更加丰富、具有神秘性和力量感的雕饰。调研发现，较为富贵的人家或者少数民居大宅会在局部木构件中添加龙形或者类似龙形的比较抽象、隐约的雕刻装饰，龙是具有吉祥寓意的重要图腾。

一、瓜柱装饰

瓜、柱、挑是土家族吊脚楼的三个最具特色的构件，它们紧密联系又各自不同。

瓜柱，土家族匠人又称吊瓜、瓜。吊脚楼的瓜柱是垂直传力构件，一种是落在穿枋上的瓜柱，瓜柱柱头承檩条，下端开榫卯，跨在穿枋上，表面有简要的雕刻。另一种是悬空的瓜柱，多见于檐廊下，悬空部位多为人们仰视观赏，因此是装饰的重点。

瓜柱多为圆形或近似圆形，造型丰富多样，有官帽瓜柱、绣球瓜柱、南瓜瓜柱、花瓶瓜柱、鼓形瓜柱、碗形瓜柱、荷叶瓜柱等，都包含吉祥、多子多福的寓意（此次艺术基金项目培训过程中，学员按真实等尺寸制作了十根瓜柱，见图3-17）。

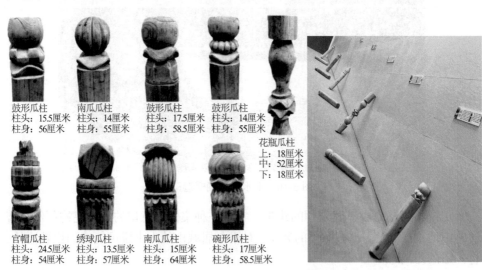

鼓形瓜柱
柱头：15.5厘米
柱身：56厘米

南瓜瓜柱
柱头：14厘米
柱身：55厘米

鼓形瓜柱
柱头：17.5厘米
柱身：58.5厘米

鼓形瓜柱
柱头：14厘米
柱身：55厘米

花瓶瓜柱
上：18厘米
中：52厘米
下：18厘米

官帽瓜柱
柱头：24.5厘米
柱身：54厘米

绣球瓜柱
柱头：13.5厘米
柱身：57厘米

南瓜瓜柱
柱头：15厘米
柱身：64厘米

碗形瓜柱
柱头：17厘米
柱身：58.5厘米

图 3-17　瓜柱尺寸图和现场展览图
图片来源：武瑕拍摄

1. 官帽瓜柱

帽子本是古代"头衣"的一种，而且是最古老的一种[1]，各朝代的官帽形象各有其特色。官帽造型瓜柱以其造型酷似古代官员的官帽而得其名，官帽形瓜柱也寓意着升官发财、官运亨通，祈求事业步步高升。

2. 绣球瓜柱

绣球是中国民间常见的吉祥物，尤其在土家族日常生活中广为流传。古代有

---

[1] 官帽是官吏的制帽，与"便帽"相对，是体制的外化。

抛绣球的风俗，当姑娘到了婚嫁的年岁，就预定于某一天^①让求婚者集中在绣楼之下，姑娘抛出绣球择夫。在很多地方，抬新娘的花轿顶上会结一个绣球，意图吉庆瑞祥。绣球瓜柱还代表着美满团聚的意思。

3. 南瓜瓜柱

南瓜多籽、加之藤蔓连绵不绝，寓意多子多孙、福运绵长、荣华富贵；瓜肉细腻甜糯，寓意生活幸福，恩爱如初，如图 3-18 所示。人们会在快要成熟的小南瓜上刻图案，成熟后图案就会留在上面，这样的南瓜多放置在案头赏玩。

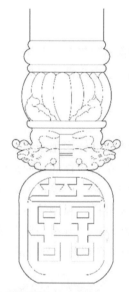

图 3-18　南瓜瓜柱装饰

4. 花瓶瓜柱

花瓶的"瓶"字与平安的"平"谐音，有"平平安安"之意。花瓶寓指平安，送人花瓶是祝福对方能够一生平平安安。

花瓶是有口的，将花瓶作为赠礼有着祝福对方财源广进的寓意。家中摆放花瓶，寓意着家中财运旺盛，同时喻指能够积纳财气，因而不少家庭会在堂屋桌案上摆放花瓶。此外，花瓶瓜柱也表达出土家族人追求美好生活的愿景。

5. 鼓形瓜柱

鼓是精神的象征，是力量的表现，南方少数民族保留着鼓的古老崇拜。古文

---

① 这一天一般是正月十五或八月十五。

献记载，最早的鼓是陶器时代用陶土烧制的"土鼓"，土鼓标志着农耕文化型舞蹈之开端。鼓与舞相结合的乐舞形式，已成为鼓舞、激励人们团结奋进的特定行为方式。

6. 碗形瓜柱

碗在生活中不可或缺，且具有多种吉祥寓意，如寓意得碗之人的生活稳稳当当，寓意吃好喝好、人生富足等。碗形瓜柱有添丁进口之意，寓意子孙繁盛，同时也表达出土家族人追求美好生活的愿景。

7. 荷叶瓜柱

荷叶有着清廉纯净之意，叶子紧凑而生又代表着和睦团结。古有友人互赠荷叶，以寄托自己的思念之情。另外，荷叶还有开枝散叶、吉祥如意的寓意。

二、窗花装饰

土家族建筑装饰纹样多用于窗户、门板、走廊栏杆、柱础、瓜柱等处。花窗纹样多是上下或者左右对称的几何形图案，内容和主题一般有三类：一是字类，如福、万、寿、回、喜、亚等；二是锦类，以回文锦或多方连续纹样为多；三是祥禽瑞兽类，龙凤呈祥、凤栖牡丹、喜鹊登梅等图案。最常见的吉祥主题有"五福捧寿""双龙戏珠""五星高照"等。蝙蝠、草龙、核桃等动植物造型的窗花（图3-19、图3-20）在鄂西十分普遍。

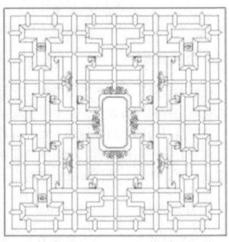

图 3-19　拐子锦与蝴蝶纹

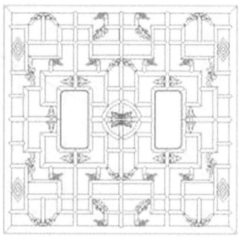

图 3-20 方锦纹与草龙纹

鄂西比较常用的基本装饰图案有万字格、核桃圆、步步锦等，整体样式中方中套圆，直中带曲，圆润多姿，丰富多彩。

窗花属于典型的小木作，结构的榫卯搭结处往往会形成外观的装饰性。土家族窗花装饰做法十分严谨。例如，所有的仔边（边框交接）均为对卡榫卯；棂条丁字交接处为"单直半透夹皮飘肩榫卯"，用料精细，制作规范。窗花中间部分的棂条均为十字卡腰，严格遵循着"断横不断竖"的规矩，竖向棂条为盖口，不能见断茬。棂心中的花格图案常常采用的局部造型元素有卧蚕、四瓣花、八瓣花等，显得精致隽美。

这些细节表明精细的小木作工艺在鄂西的大山中非常成熟，工匠熟练掌握了各种通用符号的装饰题材，民族文化的融合程度也较高。

三、构件形态装饰

土家族干栏结构语言的逻辑是十分严密的。这在挑枋这一构件中就能体现。

挑的造型虽然看似弯曲随意，但其跨度（出檐的水平距离）与柱的间距的尺寸是基本一致的。挑枋上的正水线相当于一个落地柱柱顶部的碗口。这是一个具有统一性、连贯性结构设计的概念。正水线不仅具有结构意义，还具有空间意义，所处的位置正是檐下的净空（图 3-21）。正水线抬高，屋面则轻微反曲变化，挑略带弯曲的造型与檐口的"翘檐"和谐统一，引人联想，似乎是用手轻轻扶起帽檐。挑枋的具体分类是丰富多样的，有板凳挑、翘角挑、反爪挑等，但基本构造逻辑一样，体系完备，十分严谨。

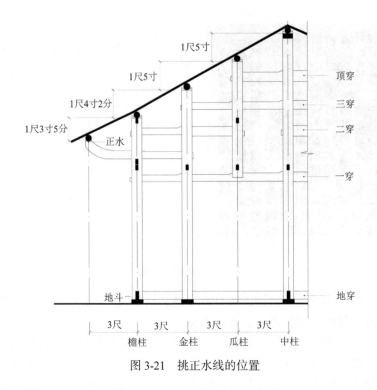

顶穿

三穿

二穿

一穿

1尺5寸

1尺5寸

1尺4寸2分

1尺3寸5分

正水

地斗

地穿

3尺 3尺 3尺 3尺

檐柱 金柱 瓜柱 中柱

图 3-21 挑正水线的位置

1. 板凳挑

板凳挑是鄂西干栏民居构造中的一大亮点和特色。它承担檐口和挑枋的重力,并能够扩大檐下的空间,一般用于正屋檐廊下,呈现出极富特色的结构:穿枋出头后再搭建横木,上托瓜柱,形态类似板凳,故称为"板凳挑"。由于瓜柱柱脚等悬空处理,因此它也是"吊脚"概念的又一重要来源。[①]

板凳挑的造型,仰视仿佛骏马跃起时前蹄凌空的效果,被土家族匠师称作"白马亮蹄",极具艺术想象力。

板凳挑的价值不仅仅在其装饰性上,使用板凳挑的目的通常是加大檐廊空间,使居民获得更大的遮风避雨的"灰空间"。板凳挑有多种设计,图 3-22 中两种形式的板凳挑,一个是一步水,一个是两步水。其中两步水的板凳挑更具实用价值。跑马阶沿(图 3-23)增加一根"亮柱"的做法可以将檐廊扩大为三步水,更实用,也更美观。

---

① 赵衡宇、刘薇:《土家族吊脚楼传统建构中的自然观念》,《建筑与文化》2019 年第 12 期。

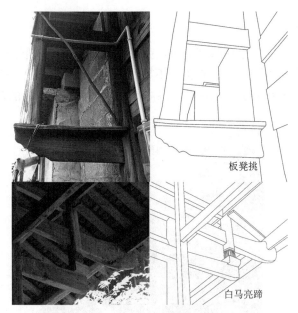

图 3-22 两种形式板凳挑

图片来源：武瑕拍摄、绘制

注：上图为一步水，下图为两步水

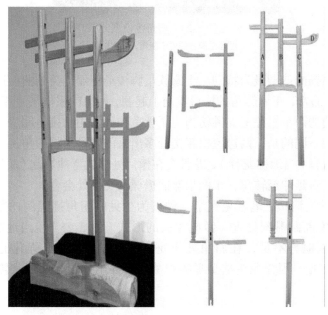

图 3-23 跑马阶沿

图片来源：熊国江制作，武瑕拍摄

注：A. 檐柱；B. 骑柱；C. 亮柱；D. 挑；E. 檐柱

2. 翅角挑

中式建筑中，屋面檐角端部向上反弧形翘起，形如飞鸟展翅，轻盈活泼，通常被称为"飞檐翘角"。土家族正屋不翘角，厢房（吊脚楼）一般仅在走栏处两檐角翘起，屋角下呈45度的挑枋则被称为"翅角挑"（比拟鸟的翅膀，图3-24）。

图3-24　翅角挑模型

图片来源：陈忠宝制作，武瑕拍摄

翅角挑高扬的造型最为特别。土家族吊脚楼最华丽优美的曲面造型就是厢房的丝檐部分。通常，正屋转角的檐口不向上起翘，两边的屋檐平直相交于转角处，使用转角两边的两个檐柱上支挑枋为主要承重构件。翅角挑是厢房屋檐转角处的挑枋。与正屋不同的是，两边屋檐相交处多出来的就是这根翅角挑。两边屋檐相交处必须设戗脊（当地称龙骨），龙骨会在檐口处略微弯曲翘起（工匠称之为"踩点水"），一直延伸至转角，于两根弯曲檐檩的交接处会合。

在来凤县大河镇，笔者见到了一种较为少见的翅角挑案例：当地有些匠人将斜向的翅角挑做雕刻处理，做成龙头的形式（图3-25）。当地有观念认为，有些房屋风水地势不足，在斜角处作龙形挑可以起到补充强化的作用。但这类装饰并不多见，因为龙头造型显得很威猛，并不是很多房屋都需要这样"补风水"。①

_____

① 比如，李光武师傅就提到，生肖属龙的人不宜居住。

图 3-25　龙头翘角挑

　　有些仿古工程会在翘角挑上部做三角形斜戗，并在戗头部位向上翘起，做出各式雕饰，如龙头等（图 3-26、图 3-27）。这种构造在湘西推广较早，湘西的双凤村"摆手堂"等工程的改造，均大量采用了这种斜戗，后来这种风格也逐渐影响到鄂西地区。例如，在 20 世纪七八十年代，受湘西仿古工程队的影响，宣恩县彭家寨民居的檐角檩并不弯曲，而是平直搭接。上面安装三角形斜戗，类似苏州园林中的发戗的做法，也就形成了老戗、嫩戗和扁担木。下斜出的老戗戗头雕刻成龙头，有强烈的装饰意味。

图 3-26　加了发戗的翘角挑

图 3-27　湘西木工厂房里的发戗

发戗的做法不属于土家族传统工艺。上部使用发戗后，起翘的高度由嫩戗决定。翘角挑弯曲造型的意义便不存在了，与平直的挑没有区别，土家族吊脚楼翘檐的原真性构造特色也没有了。因此，这种混合做法并不能看作民族建筑风格的融合，而是一种技艺的倒退，是混淆错乱的，须正本清源，还原其本来面貌。

在鄂西，屋檐角翘起又称"搬爪"。"搬爪"的词义似有"禽鸟"的构型想象寓意。"搬"同"扳"，湖北话有翘起的意思。远远看去，确实有一只大鸟腾飞或鸟爪扬起的感觉。但笔者认为，根据人屋同体，这一弯起的尺度更应该是人体态的比拟，人站立双臂45度略微斜向下展开，手掌依靠腕关节翻起。这一尺度和比例是比较适合檐角略微起翘的感觉，而鸟爪的纤细弯钩形态似乎过于夸张。

吊脚楼屋檐转角翘起的部分，向上的起翘值和向外的出翘程度均由翘角挑本身向上的弯曲弧度及长度决定，两边的檐檩是做搭配的。掌墨师对于檐角起翘有着约定俗成、乡规民约般的理解，体现出民间营造的秩序性。如果檐角起翘太高（一般不超过檐柱高），不仅不易排水、容易滑瓦，也显得矫揉造作、喧宾夺主。厢房属于次要房屋，要低于正屋。翘角挑上搁置的檐檩口的高度（称为"正水"）同样不能超过檐柱上檩口的高度，否则就是反客为主、主次颠倒。

在咸丰县游家院子村，当地称之为"武状元楼"的具有300年历史的古民居中，翘角挑（图3-28）显得十分有章法，起翘（竖向高度）和出翘（水平侧出）并没有过于夸张的弧度。檐角檩子选用弧形的弯曲木料，这个弯曲度在常见的弯材树料中是容易找到的。为加大起翘程度，檩子上可以另外附着一块较薄的小料。

为了加强角上的橡皮的刚度，将龙骨的头部和檐角檩再次增加斜戗连接，形成三角形的骨架。这一构造说明匠师制作檐角时思路成熟严谨，更加重视结构的牢固性和可普及性。

图 3-28　具有 300 年历史的翘角挑

3. 反爪挑

挑一般用于外部空间，而反爪挑用于室内。在吊脚楼建造过程中，反爪挑立于冲天炮（伞把柱）之上（图 3-29），在左右两边上下错落的位置开两个榫，托住正屋和厢房的檩子，代替了立柱的作用，可以更好地节省室内空间和材料。

图 3-29　反爪挑与伞把柱
注：A：反爪挑；B：伞把柱

"反爪挑""搬爪"等用语，充分说明鄂西匠人对于这一结构"具身性"的理解，"柱"好比人的身躯，那么"挑"就是人的手臂。这些弧线起翘的造型结构，看起来就像手弯弯托起的样态，是最直接的支撑结构，但同时也是具有装饰性的。

四、将军柱与伞把柱

将军柱亦可称"冲天炮""伞把柱"（图 3-29、图 3-30），是连接正屋和厢房排扇的柱子（正屋脊线与横屋厢房脊线的转角交接处立下的柱子）。它也是整栋院落中最高的柱子，这根柱子需要承受来自横屋和正屋两边屋盖的荷重，是吊脚楼中极为重要的结构。一般情况下，厢房要比正屋短一步水。如果匠师经验不足，很容易在这个地方出现差错，从而出现房屋拼接不好的问题。

图 3-30　伞把柱模型
图片来源：刘薇制作、拍摄

姜胜健师傅表述，很多人以为冲天炮与伞把柱是同一构件，其实二者是不一样的。冲天炮是在正屋与厢房交接的抹角房用，伞把柱则通常用在厢房中，是一种不落地的瓜柱。屋面要形成四坡顶时才使用伞把柱。[①]

熊国江师傅认为，伞把柱和冲天炮是一样的，伞把柱有落地和不落地之分，目的是合水。

落地的伞把柱通常位于正屋正脊檩、横屋脊檩及转角龙骨三者的交点处，承接三个方向的檩子的压力。相对应地，使用不落地的伞把柱时，正屋的屋脊比厢

---

① 笔者认同姜胜健师傅的观点，伞把柱应不同于将军柱，既然是伞，就应该不落地。

房屋脊高。伞把柱不在正屋正脊檩、横屋脊檩及转角斜脊三者的交点处，而是在正屋正脊檩往后的第一根或第二根檩条与横屋屋脊、转角斜脊的交点处。

冲天炮由于汇集两个方向的排扇结构，成为转角屋内结构和视觉的焦点，尽管工匠很少会在冲天炮上做什么装饰，在营造流程中也没有像其他构件如梁木、中柱（东中与西中排扇）那样具有重要仪式，但是在较多老屋的平面格局中，火塘—冲天炮（柱）—鸦雀口是一个从屋内到屋外、从地到天的连续轴线，在古老的干栏意向中，火塘的袅袅烟尘正是顺着这条线路排出屋外的，而这些弥散的烟火风景也给土家族干栏建筑披上了古老神秘的色彩。

第三节　解码重构

一、民居的创造力

民居的最大魅力来自民间的智慧和创造力。在民居中有很多非标准做法，属于工匠较为个人化的尝试，或者属于一个较小范围内的地方性建造惯例。

1. 八角楼

通常，我们会在一个地域内定义一种最具代表性的民居风格和特征。在鄂西，被认为极具代表性的民居有蒋家花园、严氏祠堂、唐崖土司城等。但是真正的地方特色，其实潜藏在那些荒僻的深山之中，甚至并不为世人所知。龙金生师傅在调查中发现了一些与众不同的建筑构件形态。

笔者与龙金生师傅来到来凤县大河镇找到了一个八角楼（图 3-31），仔细观察了这栋房屋。所谓的八角楼其实并不是什么新奇事物。一个厢房本身有两个衣兜水的

图 3-31　八角楼

檐翘角，这个吊脚厢房有四个。由于人们常常在厢房外侧加建"拖水"屋，顺势延长了厢房屋面，大部分"拖水"屋面就是一个简单的"披檐"，但是这栋房屋将衣兜水屋面在下部又重复地做了一段，与"披檐"相交接，这样一来，屋面再次"合水"，从下往上仰视起来也好看一些，也就出现了重叠的飞翘檐角。一个厢房有四个檐翘，左右两个厢房"撮箕口"就有了八个檐翘，故当地美其名曰"八角楼"。

这个现象虽然是极少见的个案，但也足以说明民间工匠因地制宜、灵活设计的创新能力，又十分智慧地赋予其端庄大方的"八角楼"的美称。

2. 变形挑

在鄂西南尤其是湘鄂交界地区，变形挑、云墩是独具风格的构件，龙形磉墩则是龙金生师傅基于传统磉墩的作用进行的大胆猜测和构想。

所谓变形挑，就是将其中一个挑枋进行扭转、变形的艺术处理。

在湘西龙山桂塘镇的路边村寨里，笔者偶然发现了一栋房屋中极其有趣的挑枋（图3-32），其外形扭曲、精灵古怪，好像天然的根塑作品，显示出一种富有趣味的天然美感。当将这个厢房中两个檐角的挑枋同时比对时，可发现它俨然是一棵树上截下来再中间对剖的两块木料，本质上是一个整体，只不过是阴阳两面而已。

图 3-32　天然弯曲的挑枋

挑枋本身就具有自然美感，而此木屋的两个挑枋就更加完美地诠释了"自然建造"的审美观。恰如曲水波浪的外形赋予了这个静静的老屋一种永远的生命力。

3. 云墩

云墩是一个类似于骑柱的构件，一般骑于挑枋之上（图3-33），上面搁置檩木，可以加大挑枋支承屋檐部分的长度。云墩在武陵山比较少见，仅在来凤县若干小范围的地域比较流行。[①]该构件造型十分奇特，上小下大，当地人认为其模仿的是猫头鹰的造型。在大院落的檐廊中，每一个挑枋上都有一个这样的木制"猫头鹰"。土家族缘何喜爱猫头鹰？一是它可以捕灭老鼠保护农作物，二是它有鹰击长空之吉祥寓意。然而，猫头鹰栖息于树枝之上，云墩架设于柱枋之上，深入思考这一语义符号的类比现象，猫头鹰的造型映射出古代干栏建筑中关于"杉木通天""大树崇拜"的文化内涵，也体现了土家族人偏好自然的审美趣味。

图 3-33　挑枋上的云墩

二、重构伞把柱与反爪挑

过去，土家族人一直根据磉墩的润湿情况来判断天气，如果磉墩表面湿气很

---

① "云墩"替代了"短瓜柱"，主要是加强稳定性的构件，一般见于官式风格中，流行范围不大，应是其他地方风格和结构影响的结果，但更有可能是古代做法的零星残留。

重，就可能有大雨，这尤其在六七月是非常灵的。

根据以上现象，龙金生师傅设计出了一种新的伞把柱。伞把柱造型元素集合了变形挑、瓜柱、反爪挑，顶部还安装了一个新云墩，脚下是带有抽象龙头凤纹雕刻的磉墩。可谓伞把柱的解构与再构的完整设计，龙金生师傅将这个作品称为"伞把柱涅槃"。

磉墩上下分成两部分，里面安装轮轴可以轻微转动，可有效减轻地震破坏作用。上仰的龙嘴处理成略带弧度的造型，有利于湿润条件下聚集水滴，可以更好地判断天气。

龙金生师傅根据上述构思制作了等大的泥稿模型。该作品设计手绘稿、泥稿模型制作、下料、正式制作过程十分完整（图 3-34），工作推进严谨有序。木构部分通过手绘稿分析设想，也借助实物模型小样去想象设计，在此过程中大胆想象，反复推敲；泥稿制作的是一个 1∶5 左右的小样模型（图 3-35）。在创作中，龙金生师傅还构想设计了一个新的旋转造型的变形挑，将这一造型艺术灵感进行了放大处理。

图 3-34　新磉墩和云墩制作过程图

图片来源：龙金生制作、拍摄

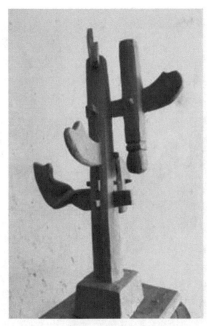

图 3-35 泥稿

尺寸营造上以传统吉利数字为准，体现了作品中美好的寓意：吊脚楼修建尺寸基本不离"八"，"八"寓意发，这反映了土家族人对这一吉利数字的信仰。但是为了让现代人能够理解，最终完成的作品尺寸还是以"米"为单位，整体高度为 2.18 米，磉磴高 0.28 米等。

细节设计上，金栓对各部件的连接起到稳定作用，严格遵循"大进小出"的原则，是缺一不可的组成部分。每一组部件都经过精心打磨，在细节处理上追求精致，模型都可自由拆卸，展览（图 3-36）后打包邮寄十分简便。为了撑起屋檐角，四面挑枋的造型为弧形曲面的"大刀挑"，整体显得错落有致。该设计的各个元素既来自伞把柱的原型，也是对伞把"进行文化符号聚合的一种创意设计，体现了作者的丰富想象力。

"为了结合土家建筑的特点，计划用原木、石材制作，设想最后成品作为主题雕塑，陈列在当地的吊脚楼群落景观当中"，龙金生师傅将这么一个设计想法付诸实现，最终伞把柱得以完成。在整个实施过程中，他工作方法执行得非常完整，既有传统技艺也有现代造型技术，不同手法应用得当，最后取得的设计实物效果也非常好。

另一个对伞把柱炮进行主题研究、重构的作品是反爪挑（图 3-37）。制作者主要采用吊脚楼元素中的反爪挑为表现主题，以伞把柱、房屋梁木为中轴核心，表达对重点元素符号的理解。

图 3-36　伞把柱模型展览现场
图片来源：龙金生拍摄

图 3-37　反爪挑模型
图片来源：李亮拍摄

反爪挑插立伞把柱之上，因为它与另一侧檐下的挑形成反方向，故名"反爪"。该作品在左右两边上下错落的位置开两个榫，挑住正屋和厢房的檩子，使整个房屋的结构更加稳定牢固。

三、其他重构设计思路

黄信设计的作品风雨廊桥（图 3-38），灵感源于唐崖土司城遗址中最具历史文化意蕴的古牌坊和麻柳溪村的公共廊桥，用打散重构的方式进行设计。在重构过程中，借用古典园林中的框景手法，中轴线对称布置，将古牌坊的装饰纹样与廊桥的穿斗架结构合为一体，体现出鄂西穿斗架的某种古老的典型特色。古朝门和休息亭可合二为一，异形同构。但是该设计并没有完全完成，留待后续研究。

图 3-38 风雨廊桥模型
图片来源：黄信拍摄

在鄂西，不同地域的建筑营造技艺及其思想略有差异，对于建筑工艺和装饰特色的态度也不尽相同。但是，正是这些微妙的差异使得民居更具有地方性。武陵山干栏民居在结构特征和形态风格上各有差异，但在整体风貌上似乎殊途同归、一脉相承。在抓取主要整体群体特征的同时要灵活接受不同的多样性的营造风格，在未来创作手段上也应该汲取多样性技艺元素，力求把吊脚楼的丰富性放大，体现和而不同、各美其美的创作原则。将艺术创作回归到历史传承的环境中去寻找营养，不断推陈出新，力争创造具有新的智慧、民族风情的作品。

传统建构是人类编织的意义之网。建筑中面向的自然，已经具备更多符码意义。吊脚楼营造的匠师敬畏自然、依赖自然、崇拜自然也期望能最大限度地与自然融合。土家族吊脚楼的设计建造，不仅仅是崇拜自然、回归自然，更是与自然融为一体，既是一种建造智慧，也是一种文化自觉。

第四章

建 房 仪 式

仪式是功能的诗歌，仪式形成建筑，仪式是功能的超越。[①]

"定好日子立房子，先立大的那一边，再立小的，用鸡公毛挂了号。按程序做好三间屋后，上梁时，挂号、开梁口、翻梁有讲究。后可以起梁、安梁，转角吊楼可以同时进行，做好这些后，再放檩子、椽皮、瓦。"[②]

在与鄂西当地工匠交流时，常常遇到一些难以理解的词汇，如"大的""挂号""翻梁"[③]等，如果不能理解这些词汇，就很难掌握关键信息。

第一节 匠 语 口 诀

土家族吊脚楼从构思、设计到建造完成，是没有图纸的，工匠都是把世代总结的建房经验和工艺整理成言简意赅、朗朗上口的营建口诀，并以说唱、谚语和歌谣等形式口耳相传，表现出土家族匠师精湛的技术和独具的匠心。

现代建筑与图纸之间的关系其实是不能完全复刻到传统营造中的，因为现代建筑的基础之一是工业化批量生产，如投影图（平立剖、透视等）普遍化使用。现代化建筑生产已然排除了传统建造中各种"口头建筑语言"的作用，也取代了传统建造中广泛关联的各种文化事项。

营建口诀涵盖材料使用、结构处理、建造工序等营建知识的各个方面，除

---

① 〔英〕约翰·罗斯金：《建筑的七盏明灯》，张璘译，山东画报出版社 2006 年版，第 43—45 页。

② 根据陈忠宝师傅的访谈记录。另，除已注明的参考文献外，本章所涉口诀、福事等均来自笔者的访谈，为了行文简便，未一一标明出处。因涉及方言转译，可能存在不准确的字词，恳请细心的读者予以指正。

③ 工匠称的"大的"指东边，"小的"指西边，"挂号"指的是祭祀仪式。

了技术性的显性知识，还有很多隐性知识。这些隐性知识的解读，有赖于深入了解地方生活民俗与信仰等内容。显性知识和隐性知识之间相互混杂渗透，难以分割。

因此按照行业或学科进行分类，仅仅局限于建筑学（营造技术）的范畴就有点"削足适履"。从整体性的角度，本章认为，营建口诀应该指广义上围绕营建事项的匠人语言，包含匠诀、说辞、俗语、匠歌、唱曲、神话、民间传说等，而且这些文本有可能相互混杂、转化，如某地的传说可能在另一时空中成为匠歌，而在其他时空中又可能成为神话。

营建口诀亦属于独特的传统知识，深藏于大山内，难以被广泛认识；方言的流失、构件材料名称改变，造成了当代理解困难；少部分传承人懂得一些传统口诀，但他们所掌握的这些知识却长期无用武之地，许多宝贵的知识随着老匠师的离去而濒临失传。营建口诀是传统营建技艺的关键解码，它的失传将直接导致传统工艺的快速流失。在现代城镇化发展过程中，鄂西民居也早已普及砖瓦水泥新房，这些传统木构技艺及其口诀已经无所附依，而丧失具体表达载体的建房习俗等文化事项也在快速消逝。

一、口诀分类

本部分将口诀分为以下四大类别。

1. 专用术语类

术语层面，专用术语的内涵是超越建筑本身的。例如，"穿斗"可分为"穿枋""斗枋"两大类别，在构件类型、榫卯节点、安装方式、施工次序方面已显示出丰富内涵。专用术语不仅是一物（类）一名，还具有重名、异名现象，其证明了术语具有超越既有概念、叠加内涵、不断更新的能力。一物多名、多物同名、异物类名等丰富的语言现象是工匠超越建筑实体，在空间、文化、装饰等方面产生新认知的结果。大木作术语的含义转变，并不断产生新的术语以适应知识的分化与整合。

营造层面，术语是服务于设计和施工的。依类存在的术语关联了理念中的抽象构件和料单中的均质木料，将物料联系在一起，使其统一又有区别。例如，"挂枋"与"灯笼枋"的区别，"挂枋"通常在檩子下面（挂着），"灯笼枋"则上下凌空。

同物异名的现象往往是因为方位、位置不同造成的，如前檐柱与后檐柱、前檐挑与角挑。又如，同物同名异名并存。"大门枋"与"香火枋"形态大小一样，都可以是"大枋"（尺寸比一般的枋大，前后也对称），又可以根据方位称呼为

"前大枋"与"后大枋"。

施工阶段具有时空属性的术语，帮助工匠实现了物料合一、构件定位定向，便于后续进一步安装施工。

专用术语的运用，不仅仅是关于某一事物的固化表达，更是其作为一个对象为人所认知，同时集结更多信息成为联结其他相关对象的一个节点的过程。当若干相关术语联结成系统，概念体系就得以建立了。这个过程既是对某一事物的共时性认知，也是梳理其共时性认知的历时性转变。那些存留于工匠头脑中的设计思维与意识、隐秘的匠作知识，在工匠具体建造和使用术语时，其物外之意才得以真正显现。

2. 技术规范类

在匠作知识语境下，术语、尺寸、加工方式等，通常以口诀的形式呈现。这些传承下来的规矩，对于外行而言往往不知所云，因为口诀中隐藏的大量内容被省略。继承这些规矩的主体默认为内行人，是已经通过学徒训练的熟手，训练时间通常在3年左右。他们对于材料特性、加工技艺、制品形制已然掌握。口诀是一种辅助记忆，与借助图形控制成品最终形式的工业生产体系不同。

大木作技术、结构设计、建造流程、榫卯工艺等，如"四角八爹"。

几何造型定位口诀（如要得六方圆，四九来开田）、分水（踩檐升三四八乍、翘翘尺二脊冲八）、画墨放墨口诀（中墨不断桥）。

技术数据类，如家具制作（三八桌子二八凳，高一寸的矮一寸）等。

工具制作使用口诀或者俚语，如"寸二高、寸二长、三分四分架桥梁"（墨斗）等。

材料取用的经验，如对木料砍伐时节的掌握（"七竹八木"）。

3. 行业术语类

行业术语类口诀是匠人之间方便流传的口头话语，同时也是匠人与行业外部交流的经验总结，使用涉及广泛。

强调工具、器具制作重要性的，如"手巧不如家什巧"，"一头推腰磨、一头开染行"（墨斗）。

木作经验话语（大木差一寸，主人家不晓得信；小木差一分，主人家就要哼）。

瓦作、石作、漆作等口诀和技艺要领，如瓦匠口诀"屋脊要跑马，屋面要梭瓦""木匠看中间，瓦匠看边边"。

学艺拜师匠语，如"真传一句话，假传万卷书"。

4. 信仰禁忌类

在传统文化观念的影响下，土家族人相信语言、行为、符号及图像具有禳灾避邪的功能。在原始先民的思维中，语言与事物、现象是等同的关系，用语言发动来达到辟邪的目的就有其必然性，土家族辟邪、禁忌可以说离不开语言。[①]

禁忌类口诀内容涉及面大，从材料取用、尺寸设计乃至日常职业规范，均以口诀作为行为的引导和规范，并且不断渗透到大众生活认知中。

构件与空间常用尺寸的取用与禁忌，如吉墨吉数，内涵五行八卦、阴阳时序等。尺寸的尾数方面，庙宇要用单数，如一、三、五、七；住房尾数多用八，"屋高不离八，万事皆顺达"；民间建房不用五、九等尺寸尾数，属于禁忌[②]；猪牛圈（高度、长度）尾数用六，有六畜兴旺的寓意。

即便在榫卯关系等营造细节层面，也表现出求吉的心理诉求。肩膀榫又称为"大进小出"，有求财的寓意。猪牛圈的榫卯最为简洁，一律不做"大进小出"，直来直去，工匠称为"统统榫"。瓜柱落在穿枋上，不做任何雕饰和挖退造型，称为"坐口"形式，寓意通吃通长。

排扇结构位置方面，有"楼枕压挑———一辈子不得风光"，而类似于庑殿顶的屋面，土家匠师称之为"阴船屋"，认为不吉利。

选址等方面也要由口诀指导。延伸到日常生活俗语，木匠忌讳吃一些食物，如"天上斑鸠鸽，地上犬马溜"等。

二、口诀的"物质-精神"象限分布

笔者根据不同类别口诀的物质（功用）性与精神（文化）性程度，建构了一个四象限分布图（图4-1），其中可以细分如下。

低技术+低精神性：这类口诀比较普遍，也通俗易懂，大多属于入门级知识，为了传艺时方便易懂，如"一看二画三打眼"（木料加工步骤）。

高技术+低精神性：属于专类的技术指导规范，仅在匠人之间交流，外人难以看懂，如篙杆。

低技术+高精神性：大多属于仪式、祈福等口头语言，没有太复杂的技术内容，但具有较深刻的文化信仰内容，如上梁福事、门光尺的用法。

高技术+高精神性：技术及其内涵具有较高融合度的口诀，营建技术极为成熟，文化语义也很完整，如排扇口诀。

---

① 如"五钉手"就是梯玛通过大量咒语的吟诵而达到驱邪的目的。
② 九和五寓意九五之尊。

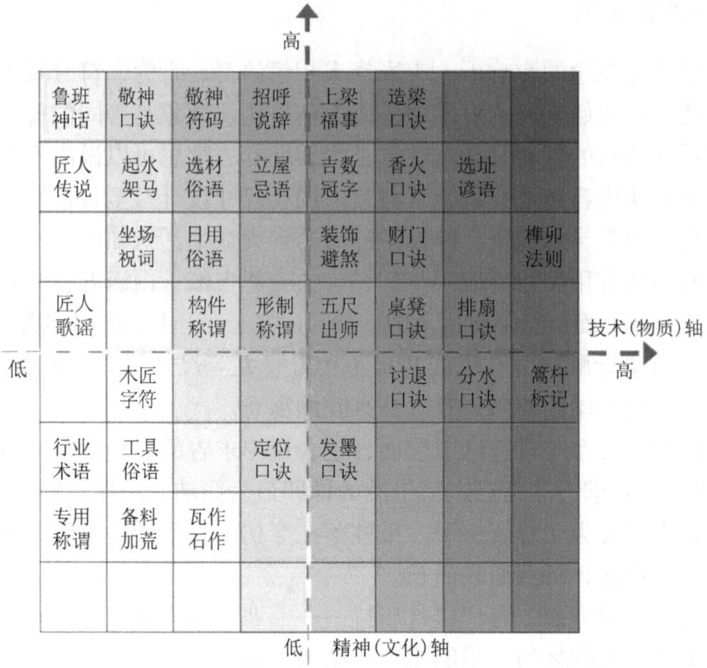

高↑							技术(物质)轴→
鲁班神话	敬神口诀	敬神符码	招呼说辞	上梁福事	造梁口诀		
匠人传说	起水架马	选材俗语	立屋忌语	吉数冠字	香火口诀	选址谚语	
	坐场祝词	日用俗语		装饰避煞	财门口诀		榫卯法则
匠人歌谣		构件称谓	形制称谓	五尺出师	桌凳口诀	排扇口诀	
低	木匠字符				讨退口诀	分水口诀	篙杆标记
行业术语	工具俗语		定位口诀	发墨口诀			高
专用称谓	备料加荒	瓦作石作					
低｜精神(文化)轴							

图 4-1　土家匠诀四象限分布图

总之，工匠口诀体系体现了文化传承的整体性、有机性。那些具有较高技术性的口诀通常也具有较高的情感价值，其分布反映出规律性，一般处于关键的施工节点处，或者关系到重大的经济价值，或对族群的精神信仰凝结具有重要意义，或是技术难度较高的工作，或涉及建房的重要精神需求、心理平衡等问题。

从现代视角来看，建构的理性（牢固性）是由工匠的水平决定的，但在传统匠作文化中，工匠水平并非决定建筑牢固性的唯一要素，还须考虑主东甚至乡邻的和谐、时间与空间的关系、万事万物的共"吉"，与那些超自然力量的结合，不仅使房屋牢固，还可以让房屋主家幸福吉祥。笔者谓之曰"神话式思维"的"安乐居隐喻"，其功能便成为某种"符号生理反应"。[①]

土家族工匠的技术程序通过符号象征将技术神秘化，这些营建秘术的施行是为了保证工程的顺利完成，不会出现意外疏漏，一些重要的构件如中柱、梁木的施工，可以通过技术层面进行分析。

---

① 赵毅衡：《符号学：原理与推演》，南京大学出版社 2011 年版，第 130—132 页。

三、口诀的变迁与认知现状

不同工种的工匠职业信仰也有所差异，有些木匠是实用理性主义，看待营造事项较为客观理性，已经接受现代社会的"祛魅"，更关心结构合理性、功能性等问题，乐于接受现代机器加工方法。但有一些木匠，秉持着传统的做法和当地观念，不随意改变自己从小习得的规矩，坚守着"讲究""口诀"，尊师讲礼，对任何事情都严格要求。他们"做活路"时并不是坚持效益第一和利益最大化的现代原则，而是坚持传统且自认为是正确的做法，不屈从潮流。

近代以来，传统技艺的理性化和祛魅化不断得到发展，越来越多的工匠不再相信那些传统神秘的口诀知识。在乡野之地，这两种不同风格的掌墨师并存。很多师傅依然秉持着传统口诀，不随意放弃或变异传统营造的章法，这让我们如今得以窥见那些古老的传统、营造的智慧，感受那些蕴藏在石木之中的淳朴久远的民风。

在专业研究领域，建筑学科偏重建筑形态与地域风格，习惯使用西方现代理论和形态研究方法，传统工匠的口头文本并不受重视。很多传统建筑遗产的研究重复性高，较多雷同，很少涉及传统口诀；文化保护学者最多从传统建房相关的民俗、民族学等角度记录相应的文化事项，限于专业隔阂，研究视角较为单一，如段超、朱世学等学者对"说福事"内容的记录和调研。另外，总体来看，对工匠语言的专门研究仍然局限在技术口诀方面，这方面内容本身就非常稀少而且零散。

学科分割背景下，单一的形态认知和文化解释不能形成合力，难以抓住营造的本质。建筑口头遗产的衰微源于这些口诀被嵌入地方性编码知识，缺乏穿透力，不易被当代共享且受众较小，易遭误解。那些难以解读、言传的宝贵知识可能很快将沉入历史的洪流，因而急需转换成有利传承的系统理论。

从建构的视野看待传统建造体系，将关注点从对风格的解读转向对"器"的诠释，从对建筑技术解读转为对文化范式的诠释。基于造物符号、造型隐喻与语义研究等方法，从形意关联、表形达意到空间哲理，重构民族建筑的思想、造物观。中柱是最典型的案例。

四、"中柱"口诀解析

1. 一墨（脉）冲天

由于所有的柱子都要进行"四角八爹"（侧脚）的细微处理，堂屋的东西两根中柱是唯一一个90度精准垂直于地面的建筑构件。因此，对于中柱的营造出现了原则性的要求：

土家族工匠将中柱顶部碗口线至地面作为屋高的高度标注，中柱可以代表屋高。中墨线的特点是垂直居中，决定了其成为屋高（如屋高1丈6尺8寸）的替代符号。它具备以下两个作用。

第一，房屋建成后，其可以作为标准构件准确量取高度尺寸。

第二，"中柱可吊墨"，作为垂直参照物来使用（如吊线垂的作用），是关键承重构件，其保持垂直可以作为整个排扇受力和结构稳定的基本标志。

因此，中柱上的中墨务必清晰可见，土家匠人的口诀"中墨不断桥"是技术要求，"一墨（脉）冲天"具有的象征意义，使中柱具有了"生命之根"的大树崇拜、生殖崇拜、生命崇拜等意蕴。

简单的中柱立面之上的榫卯细节处理变得非常重要，因而出现了多种变通的处理办法：一是不露榫头（暗榫①，图4-2），使柱子外观纯粹干净；二是大榫化为小榫（夹夹榫，图4-3、图4-4），中墨线从中穿过，显得与众不同、独具匠心。

图4-2　暗榫

---

① 不同地域和匠师流派对于暗榫的态度不同。有匠师认为，暗榫导致内部情况不易察觉，明人不做暗事，暗榫有阴险的含义，故有使用禁忌，如果用暗榫，后代将出阴险小人。

图 4-3　夹夹榫

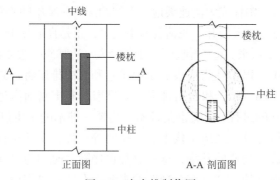

图 4-4　夹夹榫制作图

　　在中柱的制作过程中，掌墨师务必严谨对待，选料、制作亲力亲为。排扇串联是第一步，以之为中心。同时，对建造的各种事项均要求严肃谨慎，已然上升为高度精神崇拜之层面。

2. 正是良辰立玉柱，黄道吉日紫云排

立排扇的准备工作在立屋当天凌晨，屋主人先祭拜先祖，"法衣"备好后把五尺插在地上进行供奉，敬天地、五方大神、二十八星宿，需提前准备一块滚刀肉（正方形猪肉，需煮熟），燃香烛烧纸进行祭拜。之后敬菩萨，用七束湿茅草叶打一个结钉到东中柱上[①]，等到白天排扇立起前，再备好长线十二束，将其用凿子钉在东头中柱，边钉边念口诀："一二三，一二三，师傅学法在茅山。"

在起扇仪式开始时，掌墨师先整理着装，一手拿鸡，一手拿斧，脚踏中柱。先回想师父样貌并作揖，之后对着鸡公的脖子画三个圈圈，将鸡公放到酒杯边，需要让公鸡吃三口酒才算吉利，方能开工。吃酒毕，掌墨师对着鸡哈三口气，掐住鸡冠，沾上鸡冠血，在巾带上写字画符，方能得到许可"说福事"：

"此鸡，此鸡，不是凡鸡，是王母娘娘赐我的，是头戴花冠、身穿五色襦母衣（五颜六色的衣服），别人拿去无用处，弟子做只掩煞鸡。我一掩天煞归天，二掩地煞归地，是年煞月煞，是一百二十四个凶神恶煞。是天无忌，地无忌，年无忌，月无忌，日无忌，时无忌，是弟子要鸡毛落地（百事顺利）。"在鄂西唐崖镇等地，还遗留着令人紧张的"鸡公挂号"的仪式，即将鸡毛成束用鸡血粘贴在中柱底部往上5尺之处（即"五星墨"处）。挂号后，中柱上鸡毛迎风摆动，有通天的寓意。

然后是发锤，掌墨师将鸡公放在前面，手拿斧头(也有掌墨师用响锤)，箭步站立，双手作揖恭敬师傅，面向排扇道："师父赐我一把金瓜银斧锤，我上不打天下不打地，是专打五方邪魔妖气。所有邪事来，我一锤打过去。"只见掌墨师将斧背（或响锤）敲打中柱下部三下，这里也就是所有排扇的核心，然后说："起啊！起！起啊！"此时，中柱成为沟通天地、人神的法器，掌墨师脚踏中柱的底部，对中柱吟诵："金锤响，天门开，我请鲁班下凡来，正是良辰立玉柱，黄道吉日紫云排，机不可失，时不再来。起！再起！"于是众人一边呼应一边立柱起扇（图4-5）。

在正屋三间中，以中柱为代表的东中排扇和西中排扇将首先被竖立起来，然后才是东山排扇（图4-6）和西山排扇。立排扇具有丰富而深远的内涵。树木竖立—平放—再竖立的过程，其实也是神木—物料—神木的重生过程。在他们看来，任何空间都有圣俗之分，经历了伐木、立排扇等过程，中柱从神圣到日常，又从日常到神圣，完成了物器的升华，这一过程也伴随着时间与空间的转换，充满了隐喻。仪式不是孤立的、"昙花一现"的表演，在这一过程后，中柱不再是简单的柱子，而在后续的建筑生命中展现出新的影响力。

---

① 有可能是作为一种香草（类似挂艾蒿）祭神，本节的起扇说辞由姜胜健师傅和熊国江师傅口述提供，笔者整理合成。

图 4-5　众人立柱起扇
图片来源：蔺润发拍摄

图 4-6　立东山排扇
图片来源：蔺润发拍摄

　　立排扇仪式虽然短暂，却代表了最神圣的时空变化。掌墨师的角色价值通过这一关键性的过程得到了某种特殊情境的渲染。根据熊国江师傅描述，他的师父掌握重要技能，在立排扇时，如果他有意不让排扇竖立并且踩在中柱上，其他人任凭多大气力也是推不动排扇的。熊国江师傅表述，他的师父没有教他这个本事，这个技术现在已经失传了。虽然已经无法考证此事，但是这类传说也极大地增加了这一施工环节的神秘色彩。

民俗意义上的使用对仪式之后的建筑空间进行着"静默"的规约。例如，中柱之上禁忌乱贴乱钉，要保持干净，这些日用规则对建筑本身具有再解读的功能。在日常生活中，一些物件在完成使用后消失，或者留存痕迹，与口头文本一样留存在人们的记忆中。一些物品（如鸡血、墨线的痕迹）叠刻、蕴含着文本意义，继续在日常生活中对人们加以影响。建筑空间的规约性通过上述仪式环节获取民众的心理认同，神圣空间得以维持和日常运转，建筑由此顺利完成了圣与俗之转换和统一的精神功能。当然，这一过程也是追求时空统一、人与社会自然和谐的空间观、宇宙观的体现。

第二节 福 事 说 唱

在土家族干栏建筑的营造过程中，贯穿着大量当地称之为"说福事"的仪式。这些福事语言，在当地又称为"歌络句"，似唱非唱，似说非说，内容饱满丰富，韵味深长。这些福事以匠人口头表演为主要方式，除了说唱的内容，还有表情、行为手势等"身体技法"贯穿其中，融为一个整体。

在土家族常规的房屋营建流程中，仪典十分丰富，如选址、造屋场、安财门等30多项。这些仪典不是可有可无的表演，不能仅从民俗的角度看待，而应从完整的建造视角进行整体分析。虽然福事不是实实在在的"造物"，但又是"造物"过程中不可或缺的内容，甚至是各种"造物"事项的灵魂，没有这些仪式，营造技艺的传承也是不完整的。

土家族匠人"说福事"的内容很多，上梁仪式是鄂西地区房屋营建过程中最具代表性的仪式活动，也是土家族营造文化中最重要的仪式。整套上梁仪式从砍梁木到最后的上梁包含多个步骤，具有诸多文化意义。

本节以上梁这一重要仪式来分析，上梁仪式并非仅是将梁木吊上屋顶的一个独立的仪式"片段"，其实从取材到梁木落入中柱的榫卯并由此定格，再到后续的踩梁仪式，整个流程是一个完整的叙事和文本化的过程。限于篇幅和类型划分的便利性，本节将其划分为造梁、上梁、踩梁三个阶段。

一、造梁环节

鄂西匠人所指的梁木，其实是一根随檩枋[①]，它紧贴于堂屋顶部最高的脊檩下方，扁作，规格宽大。

选料：在原料选取上就有着诸多讲究，梁木一般规定选择杉木，选料时务必

---

① 鄂西无次梁的说法，除了梁木（主梁），其他都是檩木。

不能选择边料，要选用树木下部、材质较好部分，根部多处生枝丫的最好。虽然梁木一般选用最好最粗的料，但径粗不能超过中柱，这是土家族传统风水思想的观念。

偷梁：梁木必须在上梁前的早上去砍。梁木的取用各地风俗略有不同，如利川市流行"偷梁木"，即必须到其他乡邻家的山林地去取，乡邻也以此为吉利，认为这是互相借光、祈福，也体现主家势大。

解梁：既没有福事，也无特殊法器、装饰，但制作过程充满意味，必须由解匠专门操作。解匠分立两头，从两头向梁木的中点会合，快到中点时再从树梢部拿出锯子，隐喻生长方向的神圣性和中轴对称的预示性。

梁木（图 4-7）制作：讲究对称、均衡、和谐统一。制作办法十分细致，先在荒料两头截面画十字中心线，使其对应。在弹墨线时先找准位置，再用锯子引路进行切割加工。

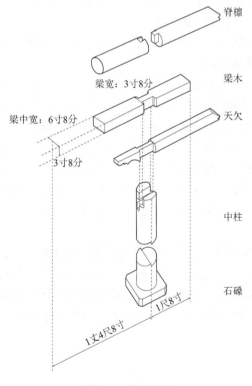

图 4-7　梁木造型
图片来源：高婷婷绘制

在梁木尺寸方面，鄂西各地的讲究有一些细微差别。王青安师傅认为，大梁宽度尺寸一般为 3 寸 8 分、4 寸 8 分、6 寸 8 分，高度（厚度）一般为 3 寸 8 分，不用7寸8分（不吉利），要根据料子的大小来定^①高度（厚度）一般为3寸8分，不用7寸8分（不吉利）。万桃元师傅提出，在当地4和8两个数不能用在一起。

摆放位置：材料大头朝东、小头朝西（以堂屋坐南朝北为标准），即以东为尊，梁木的树蔸部分应在东边。

开梁口：梁木上开的卯口是全屋等级最高、最重要的卯口。开梁口时，要计算吉时，一般选在寅或卯时，梁木嵌进中柱顶端的结合部位（早已由木匠凿好）。行开梁口仪式时，木匠以锤凿示意，取下些许木屑即可。

开梁口前，主人家要准备红布（亦称包梁布），提前将一张正方形（边长1尺2寸8分^②）红布备好（由掌墨师包于5尺之上），还要备好同一年号的铜钱、两本历书和纸墨笔双份（老文房四宝）等物件。然后把梁木抬至木马上架好，检查所用材料是否都已经准备好。

开工前的其他材料准备：三炷香、一只公鸡、三杯酒、一把斧头、十二捆火纸、一捆山神钱、一捆板钱^③及红包。

武陵山土家族地区开梁口的习俗大同小异。以咸丰地区为例，不同地区"开梁口"的顺序细节略微不同。

朝阳寺镇一带：祭拜祖先—开梁口（福事）—梁木题字—包梁木。

黄金洞乡一带：祭拜祖先—加工梁木—梁木题字—开梁口（福事）—包梁木。

开梁口的福事内容主要讲述梁木的来源，以寓意顺达。

首先掌墨师："手拿斧子忙忙走，开金口，开银口，来与主家开梁口。"大弟子会说"师父开那头，我开这头，开个走马转角楼，今日梁口开过后，土家儿孙代代有"或者是"你开东来我开西，代代儿孙穿朝衣。我开西来你开东，代代儿孙坐朝中"。走马转角楼（即平面为"撮箕口"，厢房三面有走栏）寓意家族繁荣兴盛。

在开梁口过程中（图4-8），有一个值得注意的细节：需要主人家用衣兜接住开梁口锯下的木屑，不能任其掉落地上。后续还要放一点木屑在中柱柱顶的碗口上（其他多余的木屑也不能践踏，需要撒到河里任其自由漂走），然后将梁木从上至下嵌入柱体进行榫卯贴合。这一细节具有人类学意蕴，似乎意味着梁和柱的神圣结合。^④

---

① 在土家族传统习俗中，对数字3和8的使用非常频繁且蕴含特别的意义，尾数8图吉利，在上梁结束之后，一般主人家都会大摆3天宴席，称为"整酒"。
② 这个见方的尺寸暗喻了"天圆地方"的概念。
③ 通常祭祀所用的方形打眼黄纸。
④ 远古时期，柱子有男性生殖崇拜的意味，梁柱结合有阴阳调和的隐意。

图 4-8 开梁口过程

图片来源：刘薇绘制

梁木题字：主家会请本地较为德高望重、子女双全的老年人来为梁木题字。在写法上多种多样，如"金玉满堂"。书写方向必须依据梁木的方向纵向书写。通常会把这几个字分列梁木两端。按照梁木上的写作顺序为"金玉"（左至右）"堂满"（右至左）。另外，很多堂屋会在檐柱上制作一个"看梁"，"看梁"比中柱的梁木尺寸略小，但造型一致，在其下表面（看面）也会题字，如"富贵双全"（图 4-9）等。题字的顺序为以东为大，从东向西进行，这一程序体现了对主东的尊重。题字需要由主人家准备两支小毛笔，捆成一支大毛笔进行书写，以实现"好事成双"。

图 4-9 看梁上书写的"富贵双全"

包梁木：开梁口之后为"包梁木"仪式。包梁木由掌墨师在梁木正中绘制的图案处（多为太极、八卦图等）放上两本历书[①]、两支毛笔、一束红线及从梁口砍下的木渣，用方形的红布（包梁布，图4-10）覆盖梁木的中心，用四个同一年号、同样面值的铜钱在边角钉牢，过程中要"说福事"。

图 4-10　包梁布

在包梁布的钉法上，咸丰县各地师傅也略有不同。王青安师傅以四枚铜钱来钉，禁忌走（钉）中墨，要与之错开，可钉在中墨的边上，要避免伤中墨。熊国江师傅在包梁布的过程中，将梁布对折，但尺寸始终保持1尺2寸，红布的两个顶点务必对准中墨[②]，并在两个顶点处各钉上一枚铜钱，再将两边的布包至梁木上交叉，这样包梁木就完成了。取布均用五尺撕，包梁布长宽都为1尺2寸8分（五尺上有尺寸标注）。

扎梁彩：行毕开梁口仪式之后，主人甩出俗称"彩"的一红、一青、一蓝三匹布，木匠按"中间挂红彩，青蓝二边排"将彩缠于梁木之上，前来贺喜的人所赠之"彩"则再往两边缠挂。

木匠福事："主东赐我一匹红（系红布于梁木中部），拿到红龙缠在中。先缠三道生贵子，后缠三道状元公。主东赐我一匹蓝（系于一头），拿到红龙背上缠，先缠三道生贵子，后缠三道中状元。主东送我一匹青（系于另一头），一缠缠到红龙身，先缠三道生贵子，后缠三道点翰林。东也缠来西也缠，缠了这边缠那边，各位亲朋来贺喜，恭贺主东万万年。万万年，子子孙孙出状元。"[③]

---

① 书越老越好，书中只有字，不要有画的。

② 两者比较，似乎避开中墨的做法更加古老。

③ 金述富、彭荣德编著：《土家族仪式歌漫谈》，中国民间文艺出版社1989年版，第310—311页。

祭梁：上梁前的重要环节，用巾带将梁木系好，然后对梁木进行夸赞，祭梁福事如下：

> 夫耶，此木此木，你生在何处，你长在何方，你身在西弥山上，长在旷野山前，是谁人叫你生，又是谁人叫你长，是天上日月二公叫你生，是地上露水妈妈叫我长；上头长的枝对枝叶对叶，乌鸦过路不敢歇，下头生的根对根，盘对盘，黄龙过路不敢缠；鲁班打马云中过，是看见此木放豪光，鲁班开言把话讲，此木好拿作栋梁，是弟子用着大斧来砍倒，小斧来提样，大锯来齐头，小锯来齐边，齐了头，去了边，是去了两头要中间，是弟子又派了二十四位迎兵将，是吹箫鼓乐拖进我这小小的木场。我一对木马好似鸳鸯，我一对板凳好像凤凰，刨子过路是板板整整，墨线过路是路路成行，推刨过路是平平坦坦，长推刨过路是一路豪光。
>
> 夫耶，我是手拿艺术品，不是金来不是银，是铁匠路过打不起，是铜匠路过道不成，是这铜壶不能打，要从南京请匠人，二位匠人赶起一路来，这只铜壶才打成。前头打个菠萝盖，后头打个聚宝盆。这只铜壶我不说，又说壶内酒一瓶，神农黄帝制五谷，是制起五谷养凡人，才请杜康先生来造酒，杜康造酒满街香，六郎打马街中过，是闻见酒香脑沉沉，六郎到店吃三杯，是醉了三日才醒呀，六郎开言把话讲，是此酒好拿点栋梁。一点梁头，主家儿孙做诸侯；二点梁腰，主家儿孙骑红马挂腰刀；三点梁尾，主家儿孙高中举。

祭梁福事完毕后，旌带（草绳）已经套在梁木上，准备升梁木，这一环节开启了一个新的高潮。升梁时，掌墨师需要快速把梁木翻转过来，上下两拨人一起用力拉旌带将梁木往空中升上去，掌墨师语调突然高亢："夫耶，木仙木仙，你是脸朝黄土背朝天，你一步飞在中柱上，千年不朽万年的发吉。"掌墨师带头说"福事已毕，起呀"，大家一同说"起呀"，然后梁木便在人们的呼喊中上屋了。

二、上梁环节

"主人家在上梁木仪式完成后，会有很多事情要做，粑粑、抛梁，这些以前都有，还要求你说福事，对应（梁木）两边分别搭好梯子，还要上去给主人家踩梁木。"[①]

梁木上屋之后，掌墨师和徒弟需要爬到房梁上进行后续的仪式流程，而上房的一系列动作（图 4-11）也是具有重要象征意义的事项。

---

① 摘自笔者与熊国江师傅的访谈记录。

图 4-11 爬云梯、攀枋、踩梁分析图
图片来源：刘薇绘制

掌墨师需要将木梯靠在排扇上，先顺着梯子往上爬。工匠一边上梯一边唱道：
"上一步，一步大发。上二步，两仪太极。梯上三步，三生佳运⋯⋯梯上八步，
八上八发。梯上九步，九长久远。梯上十步，万事大吉。" "夫耶，我步踏云梯

步步高，是手持仙术摘仙桃。我左摘一个是荣华富贵，右摘一个是金玉满堂，来了众亲戚与贵客，是福禄安康至永昌。"

在山民生活中，木梯一般是用来爬上"一穿"和"楼枕枋"之上的阁楼层。掌墨师到"一穿"后必须手脚并用，像爬树一样爬上至高的梁木，从"一穿"到"二穿""三穿"直至"顶穿"，这一攀爬的过程称之为"攀枋"，在整个仪式过程中也被赋予了"登天"的意义。

攀枋福事："手攀一匹枋，代代儿孙进学堂。手攀二匹枋，代代儿孙读文章。手攀三匹枋，代代儿孙进科场。手攀四匹枋，代代儿孙状元郎。手攀五匹枋，主东万代大吉昌。攀到五枋登梁头，云中打马看九州，主东一片风水好，子孙万代乐悠悠。爬到梁头打一望，主东确实好屋场，前有八步朝阳水，后有八步水朝阳。朝阳水，生贵子。水朝阳，状元郎。从此千年永固，万代永康。"

藏缅语系的诸多民族强调中柱通天，如白族上山砍五层枝杈的松树祭天，祖先之魂经由神树通天。[①]鄂西土家族的攀枋仪式一般从"一穿枋"到"五穿枋"（顶穿）再次暗合五层枝杈的概念。在鄂西各种类型的房屋中，无论房型排扇或大或小，一般不会超出"五穿"之数（少数超大排扇除外）。"五穿枋"已经从技术规程上升为一种稳固不变的文化符号。

当掌墨师登上梁顶后，需要对着手中的梁粑赞诵，福事："夫耶，是正月耕地不在仓，是三月四月是整田下秧，五月六月就摘起，七月八月就满田谷黄。是东君请客好耍儿郎，是吹吹打打迎进我这晒场。是黏谷晒了几百几十担，糯谷晒了几百几十仓，是东君不敢吃，匠人不敢尝。是落子出白米，是磨子出白浆，是糯米蒸出桂花香，是大木活做了几百几十对，小木活做了几百几十双。是东君不敢吃，匠人不敢尝，主家抛撒万袋皇粮。"

掌墨师手拿着酒瓶说福事："对门君子你是听，听我一遍说源根。讲此瓶，说此瓶，说起此瓶有根深。哪里赶银匠？哪里赶匠人？几位匠人到，这把酒壶打得成？前面又打什么嘴？后面又打什么提？头上打个什么盖？脚下什么三转身？几多金银下的火？打成好重一把瓶？这位仙师你说出，炮火连天送你转回家门。""启禀君子你是听，说起此瓶有源根。南京赶银匠，北京赶匠人，两位匠人一齐到，这把酒壶打得成。前头打成恩哥嘴，后头又打聚宝盆，上头打个菠萝盖，脚下黄龙三转身。四十八两金银下的火，打成三斤一把瓶。"

掌墨师和徒弟在房顶开始"抛梁粑"（图4-12），即将梁粑从屋顶抛撒下来，类似天女散花。还有的将水洒落下来，洒落到主东身上，寓意吉利。下方的人群便开始嬉笑哄抢，整个仪式环节进入众乐的高潮。抛梁粑的福事："夫耶，我是第一拿来敬奉天地（此时，开始将粑粑抛梁撒出），第二拿来敬奉鲁班，第三第

---

① 邵陆：《从祭天敬祖仪式看白族民居的空间观念》，《建筑遗产》2016年第3期。

四拿来敬奉老少，老的吃了是添福添寿，少的吃了是寿命天长。"这一福事诉说了对天地、鲁班先师的尊敬及对男女老少的祝福。

图 4-12 "抛梁粑"
图片来源：蔺润发拍摄

三、踩梁环节

在土家族上梁仪式中，有一个非常重要精彩的压轴环节，俗称"手持五尺踩梁木"。踩梁木的规范流程是：掌墨师和二墨师（或大弟子）同时从两头出发，以五尺作为支撑物支在陪梁（或挂枋）上，以平衡身体行走，边走边"说福事"，还要一唱一答互动。陪梁枋在上梁之前必须先成对做好，安装完毕。

熊国江师傅指出，早先梁木用料非常宽大厚实，20 世纪 80 年代后受材料资源的限制，梁木用料的规制也逐渐缩小，顶部没有那么宽大，出于匠人下脚的安全考虑，渐渐舍弃了这一习俗。

踩梁木提供了特殊而生动的观察建造文化的视角。在建房仪式中，踩梁木作为神圣的象征符号，协同口头的福事文本，综合了视觉维度、听觉维度和语义维度，创造出多感官参与的场域与景观。通过群体狂欢般的仪式过程，匠人完成了上梁的神圣使命。这也是工匠群体与主东、乡邻维系情感，释放压力与需求的过程。

福事文本本身具有营建的意义阐释功能，是土家族安居、乐居愿望和精神文化的表达，是一种地方文化传播的重要载体，更可以看作工匠和主东在地性、主体性的重要声明。

在上梁仪式中，旁观者可以隆重地感受到家屋营造的不凡意义。土家族先民对万物形成、天地始分的想象和幻想被浓缩在家屋营造过程中。根据上梁仪式的程序，上梁福事的吟唱与表现内容是按次序进行的，如梁木、财门、火坑等都是土家族工匠吟唱的主要部分。这些仪式全部被整合到上梁仪式中，成为一种时空集中式的展现。上梁仪式语中出现的三皇五帝、盘古开天地等中华民族广为流传的神话、传说、历史典故，表明上梁仪式具有极大的文化整合力和极强的文化传播力。

笔者认为，福事说唱的仪典还具有规范建造的功能。它的作用类似于规范纲领，在匠人群体和乡民的耳濡目染中，建造流程的规范性得以传播，工匠的身份和建造本身的合法性、合理性、权利天赋性也得以确认。

第三节　符　号　互　动

语言与符号的使用是人类所特有的一种智慧，是想象力丰富的表征。乡土营建体系也是一个符号世界，其中的知识远远超出了狭义的"盖房子"。

符号的使用可以以简蕴繁、以少代多，提升乡村社会群体的效率。工匠师傅需掌握从建房技术到民俗仪式等许多知识，并将这些知识融入乡土社会实践中，即不断围绕营造符号进行互动交流，否则其可能很难实现自身的抱负和价值。

语言离不开语境，符号也有其表意的语境。无论是符号意义的创造还是最终解释权，都属于文化主体。营建符号是匠人内部、匠人与乡民之间、不同社会群体间、不同地域民族间沟通与互动的产物。

一、从物到事：三种符号语言

民族符号学不仅仅是展示性、描述性的，它并不停留在对某个符号在文化系统中的某种功能加以说明，而是致力于挖掘它在系统中体现的规则和元语言思维，以及它与系统内其他部分的关联和产生各种关联的原因。民族符号学更看重的是语言和文化的深层结构如何通过符号系统来进行表现和维持。它的目的是通过对符号和意义的探究，来探求民族文化乃至人类思维的一般规律。[①]

从符号学的视角来看，人类对特殊符号的重视和发展，将进一步促进文本中物种的丰富性。营造术语作为一种媒介，其由粗而精的转变折射出工匠认知由设计而建构的深化发展，并使传统营造成为一个具有可持续性的编码系统。

建构的语言符号可以从三个方面进行考察，每个层面都具表意性，又蕴含借以表意的符号体系，涉及不同类型且丰富的符号语言。

---

① 彭佳：《民族符号学研究综述》，《三峡论坛》2013 年第 11 卷第 2 期。

　　第一，造物形态层面，包括特征、结构、形制、榫卯等。造物的意义是通过具体可以观察的形态进行明示或暗喻，达到语言的"阐释"。这一层面偏重建筑本体的"物"。

　　第二，造物建构的技术、程序、工艺流程层面，包括施工工序、时间和空间安排、主要节点穿插的规范与要求。总之，这是围绕造物过程编排的符号艺术与匠作编码，或可理解为从三维（空间）到四维（时-空间），需要进行更深层次的理解才能解读。这一层面着重"匠-物"之间的关联。

　　第三，生活日用与仪式体系，主要涉及匠人以外的主体介入、建构仪式、日常维护、使用法则、更为广泛的符号互动，以及更多元的阐释主体，如乡民共享生活仪典，强化日常使用的礼仪与禁忌意义。居住者、亲朋乡邻等族群的加入使"建造技艺主体"扩展为更大的"建造共同体"，也是乡土文化的主体。这一层面立足于"匠-物-民"的立体互动关系。

　　这三种符号体系相互杂糅、交融，并且形成有机的闭环（图4-13），以此形成匠人-民众的互动、隐性-显性的转化、编码与解码的互补。因为只有建立一个完整的符号体系，才能对传统营造的整体性知识进行解读和学习。

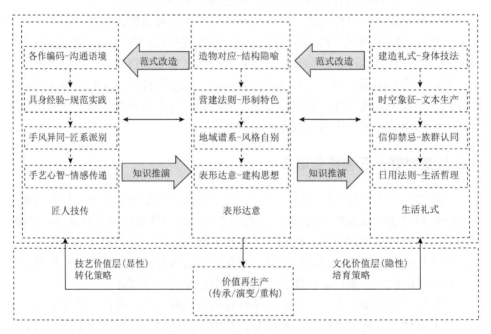

图4-13　符号互动体系

　　房屋营造中大量使用吉祥寓意[①]，不仅是在所谓的砖石木等"三雕"图案中，还有平面布局图形、构件造型、结构（榫卯）细节、构件尺寸、材料寓意、名称

---

① 吉祥图案起始于商周，发展于唐宋，鼎盛于明清。明清时，几乎到了图必有意、意必吉祥的地步。

谐音等都有相应的体现。不仅如此，一些临时的手记符号、工匠文字、施工时的简易墨线标注，都被纳入可以祈福纳祥的符号体系，这就具有了十分自由和丰富的符号资源。多种模态的符号如鲁班字、"说福事"、行为仪式、图像辟邪，它们是联动的符号。一旦关联丧失，其他符码则无法破解或失去意义。

二、"上梁"符号分析

1. 一家之主：文本与形制

对称性是生命体的一大特征，是自然美的形象表征。建筑空间的对称性，是对自然的有机模仿，人由此产生感官愉悦和审美感受（图4-14）。

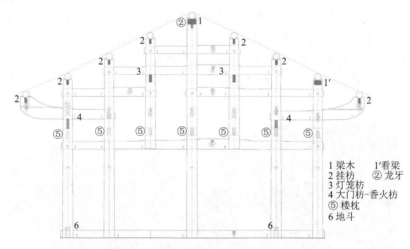

1 梁木　1'看梁
2 挂枋　② 龙牙
3 灯笼枋
4 大门枋-香火枋
⑤ 楼枕
6 地斗

图4-14　所有开间方向构件的空间序列

基于全屋对称的结构关系来看，所有构件都可以成双成对。例如，中柱不是唯一的，东中柱有与之相对应的西中柱，建筑的对称性使所有的构件基本上都具备成双成对的特点。

堂屋顶部正中的梁木及其名称具有全屋唯一性。在鄂西全屋结构中，只有一根梁木，即脊檩之下的这根随檩枋。其余类似构件多称为"枋"。另有一根"看梁"在吞口的檐柱顶部。"梁木"与"看梁"构造做法完全相似，在装饰上也仅有微妙的差异，"看梁"也要用墨写字，如"金玉满堂"等，但不包梁布。梁木的上梁仪式完成后，看梁也要紧跟着完成，但是没有仪式。这两根构件的区别仅仅在于其所处的位置，具备内外明堂的古制特色。①这两个相同的构件拥有不同的名称，结

_____
① 从风水学来看，有内明堂和外明堂之分，在古代祭天仪式中，内外双堂的格局多有体现。

构作用和装饰作用相同，正是因为有所区别的位置（地位）等级差异，折射出空间中等级地位的重要性，也明显地体现梁木迥异于其他构件的神圣性。掌墨师所言"梁木是一家之主"的意义也就显得十分证据确凿。

上梁之前，两列排扇已竖立起来，而且准备就绪。如果没有支撑物，两列排扇依旧存在倾覆的危险，整个空间象征二元对立（不稳定—稳定）状态的转化，这也是由穿斗结构的基本特点决定的。

土家族穿斗结构中，各个排扇间各种斗枋（楼枕、落檐枋、挂枋、天欠等）才是使排扇连接站稳的关键。上梁之前，这些斗枋均要安装就位（图 4-15）。梁木其实只是脊檩下的一根随檩枋，也有拉联的作用，但是显然其已经成为房屋纵横向结构（三维结构）形成的一个重要标志点。它的意义并不是工程上对支撑房架的"大梁"的水平受力构件属性的赞誉（如"挑大梁"比喻作用大，肩负重任），而是喻示其在一个最特殊的位置：一是地天相接处顶着天；二是连贯东西（东中、西中）[①]。东西二中柱和梁木的组合，符合远古神话如盘古开天地的结构想象，符合人类对天长地久的永久栖居地的宏大想象，梁木要表现得更加宽大、更加美观。造型是全屋唯一的"扁做"，上面还要设置一系列的装饰，有宽大气派、坚固耐用的视觉效果。

图 4-15　上梁前楼枕和天欠安装完毕
图片来源：蔺润发拍摄

---

① 将东中和西中排扇进行连接，这也是对穿斗架之"斗"的重要意义的表述。

梁木-陪梁诠释了一主二副、有主有次的观念（图 4-16），梁木-看梁体现了成双成对的思维（图 4-17）。多维度的符号语义说明了以梁木为核心的建造等级体系的完整性，它的意义比单纯的一根主梁要丰富得多。

图 4-16　两根陪梁

图 4-17　梁木-看梁

堂屋的梁木与脊檩符号意义分工明确，一个属于水面的承重，意义是"天上"；另一个是拉联，表示"顶着天"。与之对应的两侧耳房、转角、厢房的"檩子—

天欠"设计是同理。

如果将不同地区的民居进行比较研究,更多北方地区抬梁式民居中的上梁仪式中的"梁"是脊檩。在某些地区,这根脊檩具有鄂西梁木的一些特征,如脊檩底部被削平（可写字装饰）,便于观瞻仰望。这种结构和装饰一体化（同一个构件上）似乎比鄂西干栏建造体系简约,但这也是比较晚近时期更灵活（打破规则）的设计。反观鄂西干栏建造体系,梁檩、檩枋明确区分体现了更为严谨的穿斗架传统,从结构设计上更加成熟合理、传承有序。构件的细致分类、命名也与梁柱乃至全屋的"天地"的逻辑关系紧密相关。

梁木代表天,与中柱一样（一脉相承）,是"顶着天"的构件（它的上表面与柱头碗口平齐）,虽然檩子压着柱子,但是其位置已经"在天上",这一分类的符号表意系统完善,逻辑严密,天与地、阴和阳（堂屋上下天阴地阳,前阳后阴）势必不能相互混同,这些也就成为可供久远流传的经典。

在鄂西多个区县,这一梁木的构造特色保持得相当统一。笔者在鄂西调研所见的不同年代老屋中（最古老的接近 400 年）均没有发现相异的做法,只发现"龙牙榫"这种细微的具有某些地域性的构造差异。这足以说明符号体系设计具有的经典性,并广泛流传。上梁仪式所代表的文化融合性、地域的普适性也就凸显出来,成为一种武陵山多民族（汉族、土家族、苗族、侗族等）共享的文化符号语言。

根据全屋构件分析,除了梁木还有脊檩,以及位于堂屋正中后部的板壁香火板（将香火板看作一个整体物件）是具有唯一性的三大构件,即这三样物品是无法找到对称的物件的。

这一特性正好印证了鄂西掌墨师认为最正宗、最神秘的取料做法:香火板、梁木、脊檩均要取自同一根也是最好的一根树料（图 4-18）。香火板在根部（地）,梁木在中间（顶天）,脊檩在最上部（天上）。也就是说,掌墨师的神秘取料法是对这些构件空间位置特殊性的另一种语汇表达。空间的位置—料的来源—制作要求,形成了一个完美的符号诠释体系。

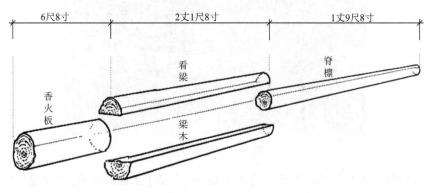

图 4-18　香火板、梁木（看梁）、脊檩

2. 踩梁仪式：地通天的身体技法

为完成踩梁仪式，檩下必须做陪梁[1]，一般所有檩木下都做"挂枋"，也称为"满龙满挂"，因此踩梁仪式适用于较为高规格的房屋。

中柱两边的柱头上（一般为瓜柱）的挂枋称为"陪梁"，它们成双成对，犹如梁木的护佑。陪梁必须在上梁之前成对做好并安装完毕，踩梁时五尺才能支撑于"陪梁"上。纵架"天落檐"体系由此规范化。

踩梁象征着房屋主结构的落成（主梁木是两个首要榀架之间的纵向联系构件），匠人从地面爬云梯、攀枋再到梁木之上（图4-19、图4-20），这一类似于"地通天"的仪式，宣告柱梁地天相通，隆重地表达了天人合一、人屋同体的观念。踩梁木是整个营建程序中最为神圣的"高光"时刻，是建房活动情绪体验的高潮。当然，梁木架好后，排扇从二维转变为三维，自然是建房出形的关键时刻，更是真正实现顶天立地的时刻。

建造结构关系隐喻房屋作为天地通之"器"，作为仰天的上梁与俯瞰的踩梁，是土家族吊脚楼进一步强化有关天地象征的空间想象与行为实践。这与前述步踏云梯等口头文本之间存在结构化的前后互文性关联，堪称完美。

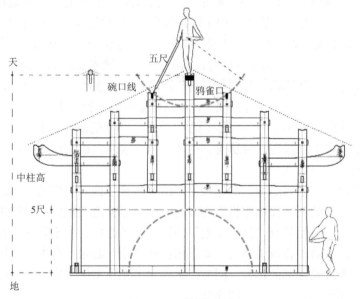

图4-19　踩梁分析图

---

[1] 一般为挂枋，鄂西又称之为"陪梁"。

图 4-20　踩梁交会模拟图

　　五尺代表着鲁班，掌墨师手执五尺踩梁，五尺仅作为支撑身体的工具，也表达了借助五尺的神力隐喻鲁班降临或神灵附身，房屋受其保护的寓意。在梁木上的任何道具、抛撒下来的东西，都是吉祥与美好的。传统建构中的造物文化，作为历史（时间）的物证，强化了建构要求的可信度和神圣性。有些符号因长达数千年甚至更久的信仰系统（如民间传说）作为支撑体系而获得了坚如磐石的凭据，如鲁班（五尺）、姜太公（房梁顶部的瓦垛）、八卦（梁木底部的彩绘）、雄鸡（王母的信使）等。这些物质符号更加具有广泛、简洁而强大的诠释效力。

　　踩梁没有任何的施工工序意义。它可以使整个爬云梯、攀枋等动作完美收官，掌墨师的动作由此画出了一条门形（梁木-东西二中）的闭环。正是这种纯精神的仪式统率了整个上梁过程，将所有其他环节统统收编，也将仪式中的"安乐居隐喻"推向极致。

　　以上完成"安乐居隐喻"的过程不是由物质符号独立实现的，而是在与多种尤其是口头文本的互文关系中得以完成的。梁木尽管造型别致、装饰华丽，但真正的重点在于，它是具有"顶天立地"内涵的神圣造物，而不是一个普普通通的建筑承重构件。对于普通人而言，要领悟这些意味，必须亲身参与现场繁缛的一系列仪式才能得到深刻的体验。同时，掌墨师（建构主体）也只有通过这些具体的实践过程才能对此进行完整的诠释。

　　建房仪式把物质世界与精神世界联系起来，为人们提供了表达情感的机会。随着仪式的进行，人、建筑构件、地之间原有的时间、空间关系被打破；仪式完成后，三者时间、空间的关系已被重新界定，形成了一种新的关系，相互间的价值判断、审美逻辑等都已改变。

传统建构是人类编织的意义之网。正如克利福德·格尔茨（Clifford Geertz）所言："人文现象的基本特质是丰富的符号诗学展示。"[①]

首先，传统建构中的造物设计作为历史的物证，强化了历史信仰的可信度和神圣性，为空间中的生活礼俗提供了保障。当然，这一过程不是由物质文化独立实现的，而是在与口诀等文本的互文关系中，以及仪式语境中最终完成。掌墨师对于堂屋看似简单、朴素的结构设计，其实蕴含着丰富的不可或缺的建造知识，使建构的神圣仪式具有了坚实的理论土壤。通过对天、地、人三重结构等设计理论展示，回答了堂屋之所以神圣的理由；反之，从干栏落地的过程中，建造体系再次获得了新的规范，并同时加强了掌墨师自身身份的合理性和职业崇高性。

其次，民俗和礼仪不是可有可无的表演。造物文化与其无法各行其道、分道扬镳，而需要结构化地联袂出演。对于不熟悉建构传统的局外人而言，建构传统中的物质文化是需要破译的密码。当口头文本衰落乃至消失后，传统营造的物质文化可能会成为无法被准确破译的对象，建构形制便也失去了意义。

最后，主体的在场性。技艺具有的媒介作用自始至终明确存在，在营建的各种场域中掌墨师从未"离场"，显示出主体作用。匠人将这些隐性知识不断延伸、渗透、转化，这些隐性知识不断外显化的过程中，其营建范式也在不断演替、更新，是一个具体在地实践的过程，也是一个意义生产与共享的过程。

---

① 〔美〕克利福德·格尔茨：《文化的解释》，韩丽译，译林出版社 2014 年版，第 5 页。

发 展 篇

———————————— 第五章 ————————————

干 栏 变 迁

    干栏是中国南方建筑大系中一种独立且庞大的形态和类型，适合南方地区潮热多雨的气候，由于楼地面可用木柱架空，湘鄂西民间常俗称为"吊楼""楼子"。作为一种世代相传的地域性建筑形制，干栏从适应各种地形、节约用地、适应气候、节约地方材料能源及注重环境生态等各方面体现出价值。从审美的角度，干栏建筑更能体现南方轻木结构飘逸、灵动的形态之美、结构之美、装饰之美，也内蕴着南方生活民俗之美、信仰之美。

    类型多样性现象在南方干栏建筑中尤为突出，不同民族与地域均表现出类似性与差异性的双重特征。这既是干栏的适应性表现，也是不同文化互动交流的结果，值得深入地学习探讨。

第一节 屋 面 之 变

    传统山地民居由于地处偏僻，交通极为不便，普遍因地制宜、就地取材进行民居建设。气候、地势、生产生活习惯的诸多不同，促使民居形式丰富多彩，但多采用灵活多变的穿斗式木结构。在建材选择上，屋顶盖小青瓦、茅草，产石材地区还有盖页岩石片；墙体可采用木板壁、毛石、卵石、夯土、砖、竹编泥墙等各种乡土材料，形成了各种地方特色风貌。不过，伴随着经济发展，差异化特色风貌渐渐消退，出现了同质化的发展倾向。例如，传统制瓦作坊纷纷消失，瓦片换成了金属瓦、塑料瓦、树脂瓦等，新建的农居普遍采用仿欧式别墅风格的水泥房，材料、样式与传统小青瓦屋面有本质差别，干栏建筑的大屋面风貌如何存续是一个重要课题。

一、屋顶之古风

以屋顶为例，吊脚楼民居屋面有明显的曲折，屋脊的造型变化、山墙的变化都体现出传统民居各不相同的地域特色。李允鉌在《华夏意匠：中国古典建筑设计原理分析》中这样描述："曲面的屋顶绝不会仅限于一种功能的形状，同时是由材料和力学、构造方法而来的形式。它们本身是一种有意识的创造艺术语言，一条条优美的天际线，也许象征威严和伟大，也许表达轻逸和愉快。总之，它们已经成为一种凝结着民族思想感情的产物。"[①]

干栏建筑的艺术魅力很大程度上来自独具古楚风韵的大屋面。鄂西民居屋面宽大，一般覆盖着宽大的阶沿，厢房的屋面造型端庄秀美。张良皋认为，土家族吊脚楼保存着楚建筑同时也是巴建筑的若干本色，仿佛"楚建筑的活化石"。例如，鄂西的丝檐是为覆盖走栏而建的雨搭，有的山面雨搭与檐口雨搭并不交接，故清晰地显示雨搭的形状和功能，一旦接拢，就成为歇山。张良皋认为，在唐宋以后的建筑中，"签子"对应"平座"，"丝檐"就是"歇山"。[②]

平座和歇山对中国建筑形体美所做的贡献是无可估量的。汉族地区现存楼阁式古建筑的平座之上必定覆盖歇山顶，很少例外，可证明二者自古配套。如果要在民间找寻其老根，只能从土家族吊脚楼中去找。[③]

丝檐具有非常实用的功能，可防止山墙木板壁遭受风雨侵蚀。走栏又使吊脚厢房多了一个类似阳台的空间，一举两得。

鄂西民居屋面组合具有相当丰富的多样性，尤其体现在转角屋部分的结构与造型设计。一般而言，正屋略高于厢房，但在转角处形成了两种样式，一种是正屋和厢房屋顶高低搭接，"各是各"[④]（互不影响），厢房的两个山墙立面前后一致。"枕头水"好像正屋将头枕在厢房之上，有高枕无忧的意思。

另一种是两个屋脊"磨角"（45度拼接），需要一根龙骨，两个方向的檩子在此汇聚成一个斜角屋脊。这个又俗称为"马屁股"（图5-1）或"转屁股"，有圆合完美之意。

李光武师傅提出，枕头水（图5-2至图5-4）比较古老，"马屁股"是后期改良的产物。从房屋结构演变的规律性来看，这一说法是成立的。在鄂西五峰地区，当地屋面处理尤其喜好"枕头水"，将这一类型结构之美发挥到了极致。由于"马屁股"对工匠施工的精准性要求更高，房屋外观更具有围合感，厢房北面较之南

① 李允鉌：《华夏意匠：中国古典建筑设计原理分析》，天津大学出版社2005年版，第223页。
② 张良皋撰文、李玉祥摄影：《武陵土家》，生活·读书·新知三联书店2001年版，第78页。
③ 张良皋：《土家吊脚楼与楚建筑——论楚建筑的源与流》，《湖北民族学院学报（社会科学版）》1990年第1期。
④ 鄂西地区方言，相互独立的意思。

面（或者说后面比前面）更封闭，符合合院气候营造和居住心理的要求。

图 5-1 马屁股

图 5-2 枕头水

图 5-3 五峰地区的枕头水体现出屋顶交叠之美

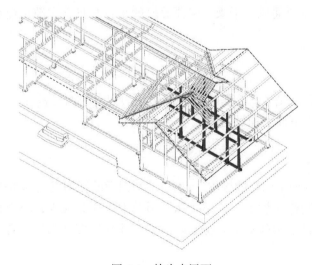

图 5-4 枕头水屋面

无论是马屁股还是枕头水，都能够做出通风透气的鸦雀口，具有极强的适应性，这体现出鄂西民居屋面的独创性特色，鸦雀口是火塘-中柱通天必须保留的洞口，这体现出古代南方民居文化的强大延续性。

二、屋面构造分析

粉墙黛瓦是南方传统建筑深入人心的景观意象。具体到山村，粉墙一般由石块墙体、原木板墙体替代，形成质朴的外立面风格。黛瓦是常见的小青瓦屋面。小青瓦是最具南方特色的屋面材料，具有制作简单、就地取材、价格低廉的特点，同时它还具有耐腐蚀、隔热保温的性能，一直是南方民居建筑屋面当之无愧的最佳材料。

具体到不同的地域和民族，它的做法与构造又各具特色。例如，浙东四明山传统民居地处浙东沿海，海拔200—400米，气候多雨潮湿，夏季闷热，农作物以梯田水稻为主。人口稠密，可建设用地较少，传统民居布局比较紧密，房屋间距很近，一楼普遍比较潮湿，私密性不强，因此山村民居普遍将二楼作为卧室，具有睡觉、起居的功能，过去常常用作女孩子的闺房（"绣楼"）。它的屋顶做法相对复杂、厚实。在小青瓦下还有坐浆、木板、椽、桁，外挑的屋檐普遍采用牛腿支撑，具备防水、保温的功能。鄂西土家族吊脚楼同样地处山区，但海拔较高（1000—1500米），气候相对干燥，夏季凉爽。当地的生产方式以种植玉米、烟叶为主。因此，土家族吊脚楼的屋顶以下部分一般不做围护结构，屋顶下的阁楼空间用作粮食储藏，收获的玉米、烟叶吊在屋檐下，或堆放在阁楼中。储藏粮食需要通风、干燥，屋顶叠放的小青瓦具备空隙也能起到很好的拔风作用。

1. 寸瓦

无论是底瓦还是盖瓦，鄂西瓦匠师傅均是层层叠放，遵循前后依次覆盖"一寸"的原则，由下而上铺设完毕。

2. 三寸椽皮四寸沟

瓦屋顶是由檩上面钉的椽皮[①]（桷子）和铺设的瓦构成，具体过程大致如下。在檩条上铺椽（桷子），小青瓦下用薄木板作为椽皮，小青瓦阴阳交叠直接搁置在两块椽木板间隙上。土家匠语"三寸椽皮四寸沟"，省料省工，造价低廉。

---

① 鄂西桷子使用薄木板，原始的房屋使用树皮，称为"椽皮"，鄂西工匠常将"椽皮"写作"船皮"。

在椽皮（桷子）檐端装一长条板，作为挡瓦板。该板在鄂西又被称为"踩檐"。有些踩檐用双层瓦板叠加，外观更显美观考究，抬高了檐口高度，有利于防止滑瓦。

在挡瓦板与椽皮交接处上铺一垫瓦（通常用半片瓦），有些使用石灰块；再在椽皮前端头制成榫头，插上封檐板（遮挡雨水，防止回飘）。

从檐端反过来由檐口部位向上铺瓦，先铺一层底瓦（阳），再铺盖瓦（阴），形成檐沟。

屋顶的构造显现出鄂西土家族建筑朴素经济、巧妙灵活的构造特点。

3. 阴阳瓦与蓑衣瓦

瓦片层层叠叠，正反相扣，向上拱起、置于下方的称为阳瓦，反之为阴瓦。一阴一阳意为平衡。每片阴瓦盖住每片阳瓦的1/4，也就是两片阴瓦刚好遮住阳瓦的一半面积。仔细来看，鄂西小青瓦每片均是一头大一头小，便于排水；阴瓦拱背向两侧排水，而阳瓦聚拢汇水。

图 5-5 蓑衣瓦

所有瓦片到屋面边上的所谓"边瓦"，半块被叠入，另半块悬空，纵向一长条的屋面边线形态类似蓑衣的组织机理，又被当地工匠称为"蓑衣瓦"（图 5-5）。屋面的瓦片相互叠合，但由于没有坐浆黏合，其中有微小缝隙，起到了通风透气的作用（图 5-6）。

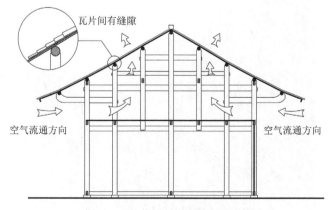

图 5-6 鄂西吊脚楼阁楼通风示意图

图片来源：邵文绘制

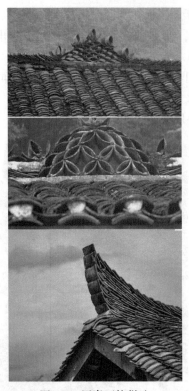

图 5-7　屋脊瓦饰做法

4. 屋脊装饰

鄂西干栏的屋脊处理通常为"清水脊"，意思是没有复杂的花样与装饰，如清水纯净（类似清水砖墙）。屋脊的瓦饰是整个屋面的核心和重点，在屋面中央（堂屋中部）、屋脊两端均有瓦片堆砌而成的装饰，屋脊正中有"连升三级""一品当朝""铜钱纹""莲花"等造型，两端翘角有"鳌鱼""凤尾"等造型（图 5-7）。

一般而言，正屋屋脊上的瓦饰位置在屋脊正中央和屋脊两端，屋脊正中央通常是梁木的正中央。正屋超过三间时会参考下部房屋的排扇轴线在中段部位添加瓦垛装饰，但厢房屋脊上的瓦饰的位置不一定完全依照下部排扇所处的位置轴线，而是需要参考上部屋顶样式和厢房屋脊的总长度，在一段屋脊较为中心的部位安放瓦垛进行装饰点缀（图 5-8），以达到视觉上的均衡美。因此在某些情况下，瓦垛位置与下部排扇轴线可能会错开，体现了"水面"独立、与屋身均自成体系的特点。这种具有特色的屋脊瓦饰的布局体现了瓦匠与屋面设计的重要性，也体现了南方干栏"轻"屋面不同于北方营建体系的自成体系性、完整性。

图 5-8　厢房的屋脊瓦饰位置

三、屋面更新的思考

在研究过程中，笔者曾与培训教学团队[①]共同研讨了关于"屋面"与"瓦"的更新问题。

建筑细部构造是体现建筑文脉的关键，具有地方特色的建筑风格需要从这些建筑遗存中汲取营养，进行设计创新。山村的居民也需要这些适合当地气候特点、造价低廉、有技术积累、营造简便的建造方法。如果需要发展乡村旅游，带动经济发展，就必须考虑城市居民的消费预期。人们来此旅游、度假，是希望能够体会原汁原味的民族特色和山村风光；当地居民仍然需要保留原有乡村风貌，结合时代所需，发展当地的农业生产，仍然需要有通风、储藏的阁楼。因此，保护和更新这些具有特色建筑民居是十分重要的设计课题。

如果照搬照抄城市别墅做法，前述这些地方特色和生活生产的实际需要就会面临丢失，优美的天际线也可能会演变成一条条毫无生机的直线，乡村特色美景无处可觅，乡村旅游和经济发展就缺少了支撑。出于环保的需要，很多小土窑被关闭[②]，原本就地取材的小青瓦需要长距离运输，增加了不少成本。另一个突出的问题是传统小青瓦叠放在椽板上，风吹雨打，位置容易抖动，且一些小动物常常爬上屋顶踩踏，也会造成小青瓦移位和破损。以至于每隔两三年就需要找专业瓦匠"拣瓦"，费工费力不说，如今乡村的瓦匠数量大幅度减少，于是村民纷纷采用其他材料如琉璃瓦、树脂瓦、机制石棉瓦替代。有没有一种办法能改进传统小青瓦的做法，既保留小青瓦的外观风貌，又能避免上述问题的发生呢？

为保留传统乡村的地域特色，一方面我们需要保持传统建筑的样式和做法，就地取材，这是建筑可持续发展的要求；另一方面我们也需要改进传统建筑，使之适应现代生活和生产的需要。对于需要复原性维护的传统民居建筑和普通木构民居建筑，坚持采用小青瓦屋面形式，保留小青瓦的原有尺寸和烧制工艺，以及原有的构造做法（木椽皮板间隔布置，小青瓦直接搁置），对小青瓦的外形做少许变革，即稍稍改动小青瓦制作模具，增加一些瓦片之间相互咬合的构造（图5-9）。这样的改进保留了小青瓦原有的诸多优点，也不会增加造价成本。瓦片相互咬合，不易滑动，其抗风性能相应增强。

为改善房屋保温隔热性能，使其满足人们现代生活需要，屋顶做法可参考江南传统建筑的改进方法，增加一道60—80毫米厚度的坐浆层（其中有40毫米厚的挤塑板保温层），坐浆层采用细石混凝土或麻刀灰，内置钢丝网片和挤

---

① 包括浙江工业大学邵文老师、南通大学徐永战老师。

② 在咸丰当地，小青瓦烧制技艺濒临失传，为此当地文化部门2012年曾申报州级非物质文化遗产项目。

塑保温板，增强抗拉和保温性能，并在橡木上面铺设整体的木板（鄂西传统建筑橡皮之间有间隙），木板上再增加一道 SBS 防水层，解决木结构屋顶易腐烂、易漏水的问题（图 5-10）。小青瓦坐浆后与坐浆层连接成一个整体，大大增强了瓦屋抗风性能和抗碎、抗破损能力。但木结构需要考虑增加坐浆层带来的荷载，计算原结构的荷载余量，改变屋面橡皮构件。另一种方法可减薄坐浆层，薄薄地铺设一层 20 毫米厚的混合砂浆或麻刀灰，将小青瓦粘贴在 SBS 防水层上。同时在建筑屋顶内侧做内保温层，将防火型保温板置于屋顶内侧，外贴木板或纸面石膏板装饰。

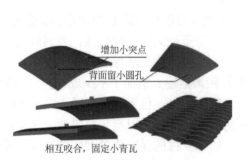

图 5-9　相互咬合的改良小青瓦

图片来源：邵文绘制

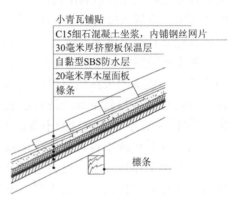

图 5-10　新式小青瓦木屋面构造做法

图片来源：邵文绘制

　　对于新建民居，如采用砖混结构形式，建议保留小青瓦坡屋顶、阁楼架空的建筑样式，使新建房屋与原传统民居可以在屋顶形式方面更好地统一、融合，也能体现出鲜明的地域特色，传承鄂西吊脚楼传统营造技艺。屋顶结构层可采用混凝土屋面、钢构屋面，小青瓦屋面做法具体也可参考前述构造做法。架空阁楼如需要遮挡可用木格栅、竹格栅，它们既可保留通风特性，又能延续山地居民日常的生产生活需要。

　　传统村落由一座座乡土建筑聚居而成，如果它们被废弃拆毁，那么传统村落也就不复存在了。保护好每一栋乡土建筑是传统村落保护的一项重要工作。只有保护和更新传统民居，延续和优化传统技艺、建筑美学，才能让传统民居建筑继续留存并不断更新，继续造福当地村民。本节所讲的这一设计方案仅仅是一个探索性的设想，还有待深入探讨。如果屋面不再是轻瓦，将带来颠覆性的革新，有可能是传统构造的彻底瓦解。那么，是否存在不毁损传统的智慧创新路径？仅就减少捡瓦工作的尝试，减少上房的危险性还是很有必要的。

第二节 多元融合

武陵山地区的传统村落星罗棋布，点缀于大山深处，有数百年的历史。由于地理和生态环境不同，建筑景观风格各异，虽然都属于干栏建筑，但具体看来又各美其美、和合不同。

"百里不通风，十里不同俗。"鄂西地区受喀斯特地貌的影响，奇峰峡谷、山高水长，景观亦奇，各有千秋。各地民风民俗与民居特色都有一些差异，有些差异比较明显，有一些差异比较微妙。同在一个大山里，由于地理条件不同，气候条件和物产会有明显差异。鄂西山民深切地感受到了地理环境的不同所带来的明显差别，民间谚语"山高一丈，大不一样；阴坡阳坡，差得很多"，人们积极地去适应和调整这种自然因素的差异性，鄂西不同的村寨聚落也就具有了丰富的景观变化（图5-11）。

图 5-11 鄂西喀斯特地貌和山地民居聚落

这些丰富多样的聚落和民居景观既是人们适应地理环境的结果，也是传统生存智慧延续的产物，任何地域风土聚落都不会是封闭的岛屿，在经济、社会、文化等各种因素的相互影响下，会产生相应的变化。这些变化和影响既有单向输入也有双向互动。民居并不是某种单一"风格"，而是夹杂着大量不同时代和历史的风貌，是多元文化基因混合的结果。

一、严家祠堂

在鄂西地区，仍然保存着一些非常有特色的、宝贵的明清时期乡土建筑群。位于咸丰县尖山乡大水坪村的严家祠堂，亦称"龙洞祠堂"，建于清光绪元年（1875年），总面积达700多平方米。严家祠堂是集石雕、木雕等各种装饰工艺精粹于一体的典型古民居，是一个具有成熟形制的四合天井院，也是中国传统宗法文化在武陵山民居聚落中的集中体现。

这个由当地严姓族人集资修建而成的祠堂，巍峨气派，并不是鄂西常见的吊脚楼干栏建筑特点，而是融汇了鄂西民居和赣派民居风格的不同特色。严家祠堂东西两面的高大山墙、半圆形造型的观音兜山墙、阶梯状的马头山墙，这种封火墙的风格是赣派建筑[①]基因的明显表现。

根据严氏后人介绍，其始迁祖是从江西迁徙到贵州落籍，从贵州迁到咸丰县至今已有近300年的历史。子孙除在大水坪村外，在朝阳寺镇落马滩村、唐崖镇钟塘村、清坪镇等地也有繁衍，人丁兴旺，是当地名门望族。外来移民的流动显著地推动了武陵山地区不同地域建筑营建风格的碰撞与融合。

封火墙从东、西方向将整个木结构祠堂围合，构成了外部形态高墙大院的显著标识。祠堂结合当地村落布局的特点与地形地势，采用坐南朝北、依次抬高的地形设计与朝向特点（图5-12）。

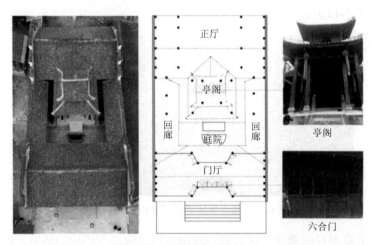

图 5-12　严家祠堂平面格局

图片来源：武瑕绘制、拍摄

1. 祠堂建筑特征

严家祠堂属于砖木结构、形制规整的四合院，整体分为门厅、庭院及正厅，采用中轴线对称的布置，主体建筑置于后部，门厅后的庭院设置一座底层架空的类似抱厦的独立亭阁（图5-13），与正厅相连，下层空间视线通透，沿着中轴线笔直穿过亭阁便到达正厅。

---

① 赣派建筑又称赣式建筑，是汉族江右民系的传统建筑，主要分布在江西一带。

图 5-13 严家祠堂内部有抬梁风格的亭阁

庭院多处有构件损毁的斑斑痕迹，瓦檐、木椽部分出现腐坏，外墙、柱子上也有多处裂缝，但其雄伟轩昂的气度仍不减当年。入口门厅高约 6 米，装有六扇门（称"六合门"），三间穿堂，四列二十柱，无斗拱，内外有古朴典雅的镂空雕花大门共 12 扇。门厅入口处呈"八"字形内凹，形成类似土家族民居堂屋前的"吞口"，尽管这是一个大型三开间门厅，但依旧能看出其受到了土家族院落最朴素简洁的"八字朝门"的影响。

从前厅两旁的八字耳门进去，便到达了中心庭院。庭院正中央有由 8 块石板、8 根石柱砌筑而成的六棱形放生池。外壁四周雕有云纹装饰，壁间刻有严氏"宗规十六条"，气氛肃穆。按"山主人丁水主财"的文化寓意，在祠堂庭院内修建放生池不但可以主财，还可以预防火灾。放生池在方寸之间，营造了曲栏观鱼的情趣。

祠堂是族人经常集中的地方，成了家族教育的重要场所。正堂外与庭院相接处建有一座高高的亭阁，其由八根长柱撑起，底层架空，二层为一个小间，供教书先生使用。亭阁为穿斗构架，是一座重檐歇山顶的亭阁。该亭阁可以理解为土家族传统院落的最高级别"冲天楼"的原型，也可以说它体现了鄂西吊脚楼建构技艺与赣派天井院落风格的融合。

通向亭阁二层的是一处可以移动的长梯。当族内商议大事时，便将长梯移到一边，以彰显礼制的威严，也反映出整个严氏家族等级之森严、制度之规范。底层用高柱架空，通过长梯可到达阁楼上，远眺山景，并利用窗框与对面的大山形成"对景"。

穿过亭阁后可见正厅（正堂），其为供奉祖先神位的地方（俗称享堂）。正厅门前有一对石头狮子，威风凛凛。正堂建筑为抬梁式与穿斗式的混合结构。临山墙的边贴采用穿斗式结构，沿着房屋进深方向立柱，每根柱子上架檩并布椽，是穿斗架的细柱薄枋风格。但中间正帖采用减柱做法，省去中柱，留出巨大活动空间。穿枋"梁化"，形似月梁，层层垒起，已然是肥梁胖柱，很有气势。

亭阁为典型的歇山卷棚顶，作为书房颇有儒家书卷气。有歇山顶典型的屋脊翘角，这显然不同于鄂西传统干栏民居的屋面构造，是文化融合的结果。

正厅内部使用了卷棚顶，卷棚顶造型丰富，可形成很大的采光角度，内部空

图 5-14　在正厅的主梁上十分清楚地刻着两位工匠的名字和修建的日期

间也显得刚柔并济，装饰华美，采光通风良好。总体而言，柱网间距的变化、顶棚的造型所喻示的等级空间，都体现出更多秩序化的特征，造型的丰富性也是为了折射出空间等级、礼法秩序等观念，这与传统干栏民居的空间特征有相当大的差异。

祠堂正厅上方横梁上的楷体文字："钦赐花翎盐提举司贵州即补直隶州梦简监，光绪元年小阳月二十五日监立，石匠杨胜锡，木匠徐登甲"，用墨和朱红两色书写，记录了当时修建祠堂的部分相关信息（图 5-14）。正厅设立严氏祖宗牌位，用于供奉严氏有名望的先辈。正厅上悬有"敬宗收族"四字匾额（图 5-15），两旁木穿枋有"三堂会审""千里走单骑"等浮雕。

图 5-15　严家祠堂内厅堂的匾额

图片来源：邱婵绘制

2. 雕刻艺术

院内木雕、石雕数量众多，为建筑增添了艺术效果和文化内涵，内容丰富多样，集艺术性、教育性、观赏性于一体。精湛的雕刻工艺、独特的表现形式、多种材质的美感均得到了充分的体现。严家祠堂的雕刻采用了浅浮雕、高浮雕[①]、透雕（亦称镂空雕）等多种技法，线条美与形体美有机地融入其中，在不同的空间位置因地制宜进行设计，针对不同的视角采用不同的手法，以达到与建筑空间特征完美的结合。

在严家祠堂中，石雕使用最多的地方是礩墩，有复合形、鼓形、金瓜形和莲瓣形等多种形式，大多数为组合形态的礩墩。主要造型有在四边形、六边形等基座上置一扁形圆鼓，体现出古羌族铜鼓通天的信仰。

整个院落内有 20 多个礩墩，每面石雕的图案截然不同。题材内容相对较简洁，有人物故事场景、花卉植物、瑞兽等，也使祠堂的礩墩呈现出丰富的外观造型。

亭阁下方有两尊由大理石雕成的石狮（图 5-16）及礩墩，石狮的雕刻活灵活现，狮毛如丝般飘动。下部石座上刻有"杨香打虎""孟宗哭竹"等 8 个不同的故事图案（图 5-17），雕刻手法丰富多样。

图 5-16　严家祠堂内的石狮

---

① 浅浮雕即平面雕刻，高浮雕又称深浮雕。

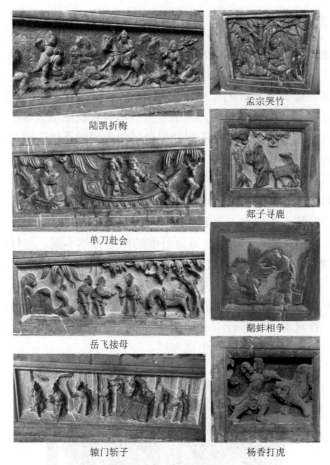

陆凯折梅

单刀赴会

岳飞接母

辕门斩子

孟宗哭竹

郯子寻鹿

鹬蚌相争

杨香打虎

图 5-17　浮雕组画
图片来源：武瑕拍摄

工艺水平最高的当属放生池上方处斜置的石雕盘龙石，石上镂空镌刻"鲤鱼跳龙门""二龙抢宝"等图案，据说由 7 个工匠足足凿了三年才完成，遗憾的是处于正中的珠宝已被毁掉。

严家祠堂不仅石雕精美，祠堂内的木雕也极富特色。在卷棚下梁枋和梁枋间的雕花厚板分别叙述了"文王访贤"和"三堂会审"的故事。历经风霜，窗户上的窗花都已模糊不清，门厅后壁左右的两扇窗上，雕刻着"孝悌忠信"和"礼义廉耻"八个篆体字，体现了儒家文化。

3. 文化内涵

严家祠堂深受儒家文化的影响。在建筑中有很多以儒家伦理道德中忠、孝、礼、义为题材的雕刻，体现尽忠报国的有"关云长单刀会鲁肃"，体现友情的有"陆凯折梅"，体现孝道的有"杨香打虎救母""岳飞接母"等。因其承载着家族礼制的多种功能，为教化和凝聚家族人心起着重要作用。"礼"在祠堂里得到充分反映。雕刻蕴含的寓意及复杂程度也有主次之分，主要雕刻场景宏大，工艺较为复杂；次要的雕刻为从属，如花草鸟虫，使祠堂建筑群的雕刻艺术呈现出高度的秩序化仪式感、节奏感。

《礼记·祭统》中说："礼有五经，莫重于祭。"[①]天子将祭礼置于立国治人之本，可见祭祀祖先之重。严氏宗祠的宗规"乡约当遵""争讼当止"等[②]，起着重要的规约作用。严氏家族的兴旺，离不开代代相传的"扬善重孝"的家族宗规。

严家祠堂是典型的具有文化融汇特色的建筑。空间格局所蕴含的追求"礼制""宗法"的宏大秩序，反映出院落建筑整体和谐的设计思想，以及汉族宗法文化与鄂西土家族文化的深度交融，印证了建筑是在历史长河中，通过不同地域文化的交流、叠合的产物。[③]

二、蒋家花园

蒋家花园位于咸丰县坪坝营镇新场村，是恩施州现存完好的吊脚楼建筑之一。全木结构建筑，始建于19世纪初，由当地富户蒋克勤所建，占地面积约4800平方米，建筑面积约2900平方米。现存3个天井院落，共有房屋94间。[④]

该花园建筑体现了四合院（围合）与干栏（吊脚楼）两种不同风格的融合，是鄂西较为少见的保存至今的一组大型合院建筑群落。例如，厢房檐廊环通四周，更似江南院落，为当地少见。梁架构造采用了南方穿斗结构与北方抬梁构造的混合形式，穿枋断开，更趋向于梁化，凸显壮硕的官式特征。

这些建筑特色反映出当时鄂西民间上流阶层更加主动地吸收汉族文化，凸显自身身份和地位。这种混合样式的结构设计合理，空间与造型的转换自然，也说明了当地工匠在民居营造中接纳北方官式的建筑样式比较成熟老练（图 5-18、图 5-19），既体现出干栏的简洁明快，又有官式抬梁的苗壮大气之感。

---

① （汉）戴圣著，春晓译注：《礼记精华》，辽宁出版社2018年版，第248页。

② 出自严氏宗规十六条。

③ 严家祠堂雕刻资料内容由学员武瑕参与考察汇总。

④ 蒋克勤有两位兄弟，二弟蒋克俭，三弟蒋克让。蒋家花园当时由百余名工匠用时三年建造而成，在建筑空间布局上暗含八卦阵，主要用于保卫人身与财产安全。蒋克勤50余岁时被土匪所害，此后蒋家渐渐没落。

图 5-18　走廊采用吊脚楼形式

图 5-19　抬梁式的檐廊

　　蒋家花园大部分建筑为两层楼，二楼走廊的设计也不同于一般民居的"露明造"[①]，采用了内部装饰化的处理，样式是江南园林中较为典型的鹤颈轩（图 5-20），曲线优美，也显示出地域上较大跨度的文化融合。不仅如此，蒋家花园建筑细节中体现了雕刻装饰艺术的丰富性。

---

　　① 不做吊顶，暴露梁架。

图 5-20　鹤颈轩样式

　　蒋家花园的磉墩可谓美轮美奂，形状上看分为圆形、方形、宝瓶形、瓜瓣形、六边形、八边形等（图 5-21），形态丰富，十分别致。雕刻图案各异，栩栩如生。有龙凤呈祥纹、植物纹、动物纹、波浪纹等。虽经过百余年岁月变迁，仍可从现存的石雕装饰遗存中体味当年蒋宅的精致。

图 5-21　磉墩丰富的雕刻造型

　　蒋家花园除有大量石雕外，还有许多位于门、窗、栏杆和板壁上的木雕。木板壁上的雕刻图案不拘一格，构图灵活生动，在庄重的对称性中寻求变化美，多以动植物为原型进行艺术表现。纹样有"卍"字纹[1]、回形纹、铜钱纹等（图 5-22）。

　　① "卍"源于梵文，表吉祥之意，意为吉祥万德之所集。唐代武则天将"卍"定为汉字，音"万"。

土家族雕匠借鉴汉族的造型装饰手法，将各种符号组成既富连续又富有趣味变化的图案。

图 5-22 木板壁上的雕刻图案

　　蒋家花园栏杆、窗棂上的雕刻图案多运用对称构图形成大面窗花（图 5-23）。例如，在十字镂空图案的基础上，以十字为中心骨架，在四个方位各雕一蝙蝠图案，蝙蝠与桂花象征"福生贵子"。每只蝙蝠的头部正对十字中心点，具有向心性，寓意四季有福或福泽四世。窗棂上采用了双钱纹，双钱谐音"双全"，有富贵双全和眼前即富之意。

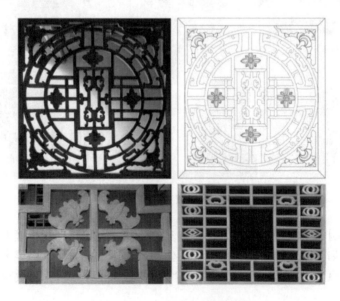

图 5-23 栏杆窗棂上的雕刻图案

　　蒋家花园内院走廊的栏杆采用三方连续图案构成"四季有福"的纹样，四福团圆的构图体现着期望生活圆圆满满之意。

　　一方面，蒋家花园的装饰充分融汇了不同地域的装饰元素，其中不仅有土家族常用的装饰语言，也有大量汉族地区使用的装饰符号，充分显示了不同风格融汇一体的特色。在空间格局上，多进多路的复合型大院落体现出华夏合院文化，而极具民族艺术特色的板凳挑、"白马亮蹄"的檐廊融入其间，形成土家族民居独具魅力的檐廊空间，即一种混合、大气又精致的民族建筑艺术。

第三节　石 木 交 响

　　土家族干栏既有全木结构，也有材料混合使用。在材料利用上，依托于武陵山丰富的森林资源，以木为主，也兼有石、泥、竹、草等辅助材料。在山林中、在坡峦上因地制宜，形成不同材料相结合的完美华章。通过对各式各样、品类丰富的干栏建筑的研读，可以窥见武陵山木作、石作技艺的博大精深。

　　景阳镇地处湖北恩施州建始县南部，清江中游的开阔地带，有土家族、苗族世居民族。这里的乡土建筑属于木构穿斗架体系，民居风貌与利川市、咸丰县等地基本相似，但总体而言，石木结合的"石板屋"成为建始县当地独有的建筑特色。形成这种差异性的原因，以及这些"石木结合"的民居反映了怎样的营建规律，是一个有意思并值得深入研究的问题。

　　在建始县，当地民居除了大量使用石板作为铺地材料，还在建筑窗槛以下部分大量运用石板砌筑，被当地人称为"腰墙"，其往往于窗下、门边的重点部位、视觉聚焦处，大面积铺贴整块石板，纹样图案雕刻精美，或局部加以精细的圆雕，各种装饰题材极为丰富，令人眼前一亮，成就了建始县石木结合（图5-24）的建筑艺术。

图 5-24　鄂西石木结合的院落

1. 黄家大院

黄家大院位于景阳镇大树垭村，是一座留存较为完整的合院，三面为建筑围合，第四面围合使用了高低错落的马头山墙。鄂西传统干栏基本上是全木结构，墙体均使用木墙板，以砖石砌筑的马头山墙并非鄂西当地干栏建筑的传统。近两百年比较广泛的经济文化交流，也给当地带来了流传较广泛的徽派建筑风格、封火山墙的建造技艺，促进了民居风貌的交流与融合。

黄家大院为当地富户，砖石砌筑工艺十分考究，石块之间缝隙非常小，难以插入纸片。由于使用了石榫卯，各石块之间环环相扣，从外部根本无法移动，防盗性能极强，墙体历经百年也几无破损，外观精美。

石砌院墙、马头山墙（图 5-25）和干栏木构的整体设计也非常具有特色。在这个四合水院落中，倒座厢房为吊脚楼形式，通常在民居中作为猪牛圈使用，但是据现在住在此院落中的老人介绍，黄家人通常骑马出行，这一底层空间当时是作为马厩使用的。沿着封火山墙的墙边走入侧面的廊道，马头山墙与吊脚楼结合（图 5-26），中间留出一步水距离作为廊道，人们可以直接沿着台阶走到架空层中，骑上马之后就可以出门（图 5-27），类似于现代住宅中的车库的功能动线设计，使用方便，也体现出吊脚楼民居的强大功能。

图 5-25　黄家大院的马头山墙

图 5-26　马头山墙与吊脚楼

2. 冉家大院

冉家大院位于景阳镇龙家坝村，右侧紧邻清江河岸，面朝川盐古道的重要关隘景阳关，是一个严谨规整的四合院落，为冉姓家族在外经商后回到景阳修建的合院。

冉家大院为一正屋两厢房，并有一圈厚厚的石头院墙形成四边围护，有极强的防护功能。院墙门面朝山上景阳关的关口，对景非常明确。当地老人介绍说，冉家的兴旺便是依靠景阳关，冉家人为做生意频繁往返于隘口和山路，这个对景的设计体现了冉家人的感恩之情。当然，堂屋面朝景阳关，也使整个院落既聚气又视线通达开阔，选址极为高妙。

进入冉家大院最让人惊艳是石雕艺术。

图 5-27 从走廊直接可以进入底层马厩

具体可分为石雕磉墩、石雕墙板、石雕大门头。石雕墙板和石雕磉墩尤其精致（图 5-28）。大院内石雕墙板一共雕有四块，一边两块，一正一侧，位于正屋屋身处，在大院中对称布局，烘托了大院的庄严华丽的氛围。

图 5-28 石雕墙板和石雕磉墩

  如图 5-28 左上所示，石雕主题为"鲤鱼跳龙门"。两条鲤鱼在亭子两侧，翘起鱼尾，已然跃出水面。鲤鱼周围添饰祥云，波光粼粼，气象万千，隐喻逆流前进，奋发向上。

  左下图为"福禄吉祥"，图案内有一座高大的二层亭阁，亭子上方是凤凰飞天，凤凰为祥瑞的化身，象征美好和平，吉祥喜庆。亭子两旁的双鹿在祥云之上高高跃起，鹿谐音为禄，喻示着福禄安康。

  这两块石雕墙板的画面构图是方形中套了一个圆形，隐喻天圆地方。石板尺寸为 3 尺 6 寸（1.22 米）见方。在武陵山区，木作尺寸尾数通常"压八"，石作尺寸通常"压六"。这个尺寸十分符合当地传统古制。

  图 5-28 右图中的磉墩也是冉家大院的特色之处，雕刻精美，柱础上有两只侧卧的貔貅，它们环抱莲花，莲花代表富贵高洁，也是佛门圣花。貔貅是镇宅、化煞为祥的神兽，寓意招财旺运保平安。这些石雕大多以动物或神兽为原型进行创作，具有镇宅、趋吉的寓意。

  两个高磉墩尺寸均为整 3 尺。在鄂西，"三尺"具有非常重要的意义，如"离地三尺有神灵"（天地间众神皆能离地三尺、腾云驾雾）；三尺还有法律、规矩之意，如目无三尺[①]。在堂屋前三尺高的磉墩之上立柱，显然有彰显堂屋乃神圣之地（堂屋是神灵和祖先的居所）、规范人们行为的意义。

  大院为全屋落地式，这种非吊脚楼的形式也是当地土家族的经典民居样式，显现出不同地域同一民族民居之间的迥然差异（图 5-29、图 5-30）。因此，试图用吊脚楼去理解所有的土家族民居显然是有片面性的。

图 5-29　冉家大院

---

① 不把法制放在眼里，形容违法乱纪，胡作非为。古代把法律写在三尺长的竹简上，故称。

图 5-30　冉家大院堂屋

　　冉家大院雕花石板的构造特点和布局安排，巧妙地反映了当地工匠对于四合院院落文化的深入理解。结合测绘图（图 5-31）并现场比对，发现一个有意思的现象：精雕的石板虽然属于厢房的板壁，与厢房所有外部板壁连为一体，但通过分析平面图的空间属性、布局关系，它应该属于正屋的范畴。这里，由于正屋与堂屋叠加的关系，厢房（图 5-32）与正屋的檐廊在角上的部分重合了。雕有图样的石板与其他素面石板就彰显出等级差异的意义：雕花的是堂屋，素面的是厢房。

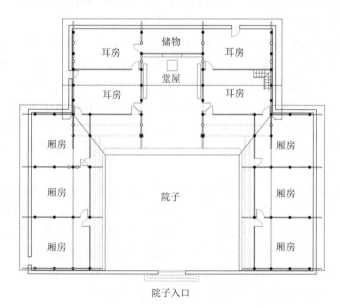

图 5-31　冉家大院平面图

图片来源：徐英豪绘制

图 5-32　冉家大院厢房

这一设计彰显出工匠对装饰等级性的深入把握，清晰地阐明石板雕花的吉祥寓意是堂屋完整装饰语言体系中的一部分，同时视觉景观布局设计上的别出心裁，使合院内多个视角的景观呈现出一种更加均衡的美感。

3. 双土地老街

双土地村位于景阳集镇上方山坳里，与集镇山路相连，现有新修公路直达老街，距离不足 5000 米。

这里是古驿道要塞，属于川盐古道，曾商贾云集，热闹繁忙。相传在修建老街时，挖出了两块酷似土地菩萨的石头。在清顺治年间，一街跨两地，街道左边属建始县，右边属恩施市，街上也修建过两个土地庙，由此名为双土地村。

双土地老街地势陡峭，房屋依山而建。之所以会在陡坡上形成这条老街，一是它当时位于容美土司的边贸重镇；二是它是"川盐入湘"的必经之路。它是景阳的一张名片，是川湘盐古道的一个重要节点，承载着非常厚重的历史价值、文化价值与艺术价值。

双土地村地势高差较大，坡度从北向南逐渐变缓，起伏的地势造就了村落建筑的形态。老街顺坡势而建，呈 Z 形，长约 300 米，两段石梯将石板铺成的街道连成一个整体（图 5-33）。石板下设排水沟，石板上多处有圆形的钻孔，这些钻孔是排水孔，保证了整条街道的排水。街道两旁是石木结合的房屋。每栋房屋几乎都是面阔三间、中间正门、两边"铺台子"①的形式。老街上 50 多栋房子中，除几栋砖混结构的平房外，其余大部分均建于清末民初。

---

① 古时，鄂西将店铺称为"铺台子"。

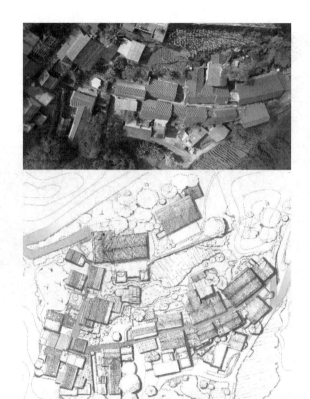

图 5-33 双土地村平面现状图

图片来源：史萌拍摄、绘制

石木混合的建筑样式使老街（图 5-34）的风貌独具一格。由于当地雨水较多，村民就地取材，采用大量本地石材打造了精巧的排水体系，建筑为下石上木混合式结构，下部多用石头连礅将木柱子抬高。常规建房板壁为木材，双土地的房屋的下部板壁大量用石板，防腐蚀性强，保护墙面，保证室内干燥，提高建筑耐久性。外观上，多做雕花纹样处理，考究美观。这种混合了石砌体结构和穿斗木结构的石板屋，体现了建始县民居的地域性特征。

鄂西传统穿斗式构架是沿房屋的进深方向按檩数立柱，柱上架檩，檩上布椽，屋面荷载由檩传至柱。每排柱子靠穿透柱身的穿枋横向贯穿起来，形成一榀构架。每两榀架构之间使用斗枋连在一起，形成一间房间的空间骨架。20 世纪 80 年代以后的部分新建房屋，使用的是三角桁架（图 5-35），省料且工艺简单。传统工艺的流失和大木料供应的限制，使其逐渐成为传统柱头架檩排扇结构的必然替代品。

图 5-34　双土地老街　　　　　　　图 5-35　简化的三角桁架

4. 石墙营造技艺

按照当地说法，石墙分为单墩子墙、夹墙、响墙、腰墙。

单墩子墙即最简单的砌筑，距今已有 300 多年的历史，是建造时间最长的石墙，采用差不多大小的石头单面堆砌而成（类似于单砖墙）；夹墙需要两面石块前后叠放（类似于双砖墙）；响墙是一种不用砂浆和泥巴堆砌的墙体（干磊）；房屋外立面石墙大多被称为腰墙，主要是为了保护房屋不被腐蚀。这些墙体都是用当地的石材建造而成，因地制宜，每种石墙的做工与建构形态都有所不同。

建始县当地盛产石材。在恩施州，与建始县地理条件相类似的地方很多，为什么建始县民居会大量采用石板作为建造材料？笔者尝试从流域建筑的角度来分析，这些石板是否来自清江水系发达的水陆交通，清江流域更为多元的经济文化交流是否会是景阳、花坪等地大量采用石板的诱因。

从双土地村民居的建造方式，以及随处可见的石砌墙体，可以见得当地石匠的石作技艺精湛。在调研过程中，笔者及团队成员来到镇政府负责文化宣传工作的李翠蓉主任的老家，家中 80 多岁的老人头脑清晰地告诉我们这些石墙的分类，这说明当地居民对石砌墙传统工艺非常熟悉，这一传统工艺具有很高的历史价值和建筑艺术价值。

5. 保护与改造策略

笔者曾与笔者的研究生①共同设计双土地老村的改造方案，提出应在原有建筑的基础上传承和发扬历史遗留下来的元素。首先是对传统民居加以保护，改善居民物质生活环境；其次，按照"整旧如旧"的初衷修复老建筑。具体的改造方案，一是保留当地特色的屋顶结构和石木结合的墙面；二是对房屋的内部空间进行重构，赋予房屋新的空间功能，使建筑既体现时代特点又融入环境，具体如图 5-36 所示。

以双土地村入口首栋民居改造设计为例，该房屋占地面积约 150 平方米，是背靠坡坎的吊脚建筑形式，一层有居住和储藏空间，地下一层有厕所和牲畜饲养空间。由于常年无人居住，村民自行将其改为储藏空间，储放一些应季的农作物、废弃的木料。

由于房屋地势较高，有开阔、无遮挡的视野，可将其打造为良好的观景空间。在改造中加入传统竹编和现代玻璃元素，将竹编运用在建筑外立面，起到围合功能。纵横相叠的尾面由高低不同的排扇构成，既可分割建筑空间，制造通风和观景界面，又可增加建筑本身的呼吸感。运用玻璃可以提高房屋采光率，也可使房屋通透，更好地和自然联系。从功能方面，将建筑的地面一层改为品茶空间和户外体验空间。地面的负一层则改为茶叶的制作和储藏空间，并在地下层和地面层的外立面连接处采用当地石材修葺步道和平台，平台上再增设用木架和竹编搭建而成的竹廊，形成多层次的休憩和观景空间（图 5-37），增添形态趣味。

另一设计创意是利用村内原有空间植入与推广非物质文化遗产，与旅游结合，打造活态木匠、石匠的手工作坊传承展示馆。运用这些石木混合的构造进行创作，打造山地堪道景观空间，用石砌体墙演绎出错综复杂、趣味盎然的立体景观空间，打造老少皆宜的休闲娱乐空间，让游客穿梭在高低石墙之中，远眺老街的街景，俯瞰山下的人烟，享受老村时光停滞的感觉。

建始县、景阳镇为喀斯特地貌，部分山岩植被覆盖率不高，故当地村民在建筑取材方面多因地制宜、因材利用，以石材为原材料。因此，干栏建筑不是一成不变的，在各类翻新、改造、修缮之前，必须深入乡村了解特点，挖掘本土资源，结合当地特色进行改造，杜绝千村一面的现象。在旅游发展中，应将居民和生活气息带进村落，努力让空心村回归有人气的生活。

① 史萌和李贵华。

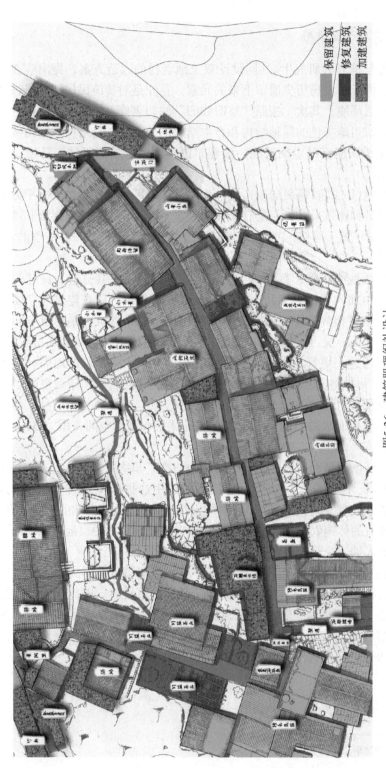

图5-36 建筑肌理织补设计

图片来源：史萌绘制

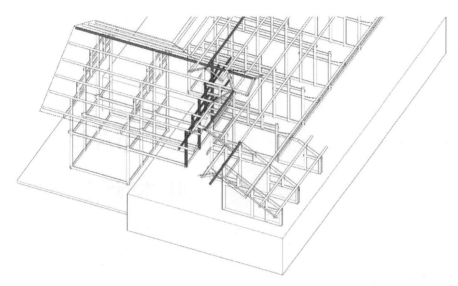

图 5-37 改造空间分析图

图片来源：史萌绘制

双土地村保留了一批珍贵的古民居。它们中很多看上去早已破破烂烂，遗产保护与更新并非要维持破烂的房屋，而是希望通过更新和改造满足现阶段农村居民的生产生活需要，同时保留特色民居建筑遗存，为乡村振兴与发展、保护传统建筑文化做出贡献。

第六章

旧 木 新 生

旧木的洞眼、木结、肌理，残缺的榫头和卯口，有一种历经岁月洗礼的沧桑美，它们既不耀眼也不永恒，但与生俱来的淳厚无可取代。

在干栏民居中，旧木料也可不断更新。旧的卯口被紧密地填充恢复，榫卯再次产生新的架构，这本身就蕴含着一种新美学。

第一节 拆 建 朝 门

省级非物质文化遗产项目土家族吊脚楼营造技艺代表性传承人谢明贤师傅[①]，家住咸丰县麻柳溪村，自家院子口有一座老朝门，陪伴了谢家多年。非物质文化遗产项目土家族吊脚楼营造技艺代表性受到县里重视，谢家被改建成了一个吊脚楼营造技艺传习所（图 6-1）。门口架起了一座新的廊桥，立起来了一座更大的朝门（图 6-2）。老朝门就被闲置了起来。

在古代，朝门专指天子宫殿中的应门，后泛指进入朝堂之门，在民居中指建于建筑物前或围墙前的门厅或入口。在土家族民居院落中，朝门从布局和功能上讲就是院门，但土家族一直沿用了这一称呼[②]。朝门虽小，却是一个很重要的建筑构成。它的朝向、样式、结构做法有着深奥的内涵。在鄂西，很多本地人记忆中老家都有一个朝门，因为朝门是院落的象征。称赞某家房子修得好，一般说"一间好院落""你家朝门修得好"。朝门一般也是传统家庭、村落、故乡的象征。

---

① 人们亲切地称为老谢，后文简称老谢。

② 在湖北民居中，朝门也常称作槽门（开门处为凹入状，类似槽形），方言发音上极难区分，但鄂西合院中显然院门的朝向对于环境塑造更为重要，因此本书使用"朝门"一词。

进了朝门代表了返家回乡。

图 6-1 老谢在自家的传习所 　　　　　　　图 6-2 谢家新廊桥、新朝门
图片来源：刘薇拍摄 　　　　　　　　　　图片来源：刘薇拍摄

　　咸丰县文化遗产保护中心主任谢一琼告诉我们，新廊桥和新朝门的屋顶是请外地人建的，但他们不了解麻柳溪村地方特色，做出来的不地道。比如屋檐角起翘得太高，还不如老朝门好看①，但老谢欣然地接受了这新廊桥。"老东西看了这么多年也不新不美了。"②

　　老谢的想法与主张保护的专家观点相反，他并不在意这些细枝末节。

一、发现老朝门

　　2019 年 4 月，笔者到麻柳溪村考察调研时参观了老朝门。它立在院子外的角落里、河边上，其貌不扬，部分结构早已霉烂。但认真观察可以发现，它的结构设计充分体现出鄂西穿斗架的特色（图 6-3）。

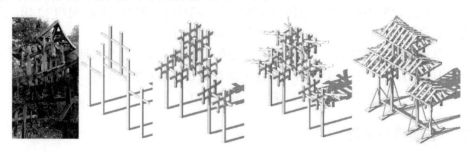

图 6-3 老朝门分析
图片来源：徐英豪拍摄、绘制

　　首先，木架结构主要采用穿斗架的承叠结构，建筑框架造型由大门东西两个

---

① 事实上，正如笔者在前文所分析的，这些外来的仿古施工队也喜欢做大量悬瓜。
② 笔者猜测这也是老谢认可政府投资建设传习所的一种表达方式。

中柱及其中的主穿为初始的主体结构，并向周围扩展生长。其中以东西中柱为中心，前后各加一个类似板凳挑（两步水）的二骑柱，形成首层前后屋檐。

其次，主穿上立有两根骑柱，以这两根骑柱为核心，前后再次形成两个板凳挑，由此形成两层重檐牌坊。

再次，在一层两个中柱左右又各自分置一柱，以其为依托重复以上构造形成左右两个门头，以此形成一大二小的三个门。

最后，每个柱外侧都前后斜向 45°插接两个翘角挑、翘檐（搬爪）作为两个侧面收尾造型呈"八"字形①，颇有点类似厢房"衣兜水""丝檐"的做法。

总体看来，这个朝门体量虽小，但内容极其丰富，"排扇""翘角挑""板凳挑"等鄂西土家干栏的核心结构特色在其中都能够体现，有"麻雀虽小，五脏俱全"感觉；虽然只有几根中柱落地，但是前后的瓜柱柱网又体现了穿斗架的完形；无论是上下、左右，还是前后，各个构件和结构均有等级体系，无论是洞口的宽窄，还是起翘的高度，都按照主次关系，有秩序可依；"丝檐"的舒展、上下之层叠，仿佛看到了大型土家庄园屋宇高耸、檐角层层叠叠的气派，它充分体现了朝门虽小但干系重大。

笔者曾与李光武师傅、刘安喜师傅讨论过修缮朝门的想法，具体施工设想总结如下：一是对梁架进行牵拉调整归位，必要时可采用铁件加固。二是检查承重枋隐蔽处榫头的保护情况，有三根损坏且存在安全隐患，必须整块更换，按原件规格尺寸采用杉木制作安装。有部分外露榫头毁坏，可采用剔挖修补、环氧树脂加固法保护原件。比较麻烦的是柱脚糟朽，考虑采用剔挖修补法、墩接保护原件，所幸糟朽程度不算过大，不需要全部更换。

经刘薇和霍达二人测绘计算：约有 4 根柱脚毁坏，柱子与地面接触处近 20%糟朽，加之地形变化，梁架整体均向外倾斜，同时枋类劈裂或卯断裂约 12 块。因此，两位师傅都提出修缮成本过高不如重建的观点。

笔者谨慎地问老谢："能不能把这个朝门搬到武汉再给你送回来？"老谢笑笑回复我们："哦！那个东西，我这里没有搁处，你们拿去正好。"

一堂关于"拆"和"建"主题的大课开始了。

二、老朝门的涅槃

2019 年 7 月 5 日，学员熊应才问起："谢师傅家在哪里？我们去把朝门拆来？"一大群人就来到老朝门处，围着它讨论怎么拆。

最终拆移工作落到了几个动手能力强的学员手上，有仔细拔钉子以不损伤木

---

① "八"字形朝门有纳财寓意。

头的，有粗暴直接用手扳的，有细心拆解榫卯结构的，也有用心用笔做标记的（图6-4）。

图6-4 高效却混乱的拆解现场
图片来源：刘薇拍摄

有一个让人难忘的场景，拆梁木时，老谢突然出现（图 6-5），他的表情已经告诉我们，这里必须由他出场。老谢顺着梯子一步步往上，每爬一步就拿锤子边敲一下，边说一句话（是攀云梯时说的福事，如"上一步，一步大发，上二步，两仪太极"），到梯子顶端之后，老谢简短地打量下四周，略有停顿，便开始用锤子敲朝门最上面那一块梁木，我们当时意识到，这是一个充满仪式感的关键时刻，这个朝门是老谢年轻时候的作品，为他家站岗、护佑平安，老谢拆除牌坊代表了某种告别和新生的含义，与老谢的生活、生命联系到一起。

图6-5 目光坚定的老谢（右三）
图片来源：刘薇拍摄

三、修复问题

完全复原朝门从理论上来说是可行的，如榫卯可以重装，损毁的可以补充等。

但实际上，这个工作还存在难度。

由于年代悠久，老朝门材料是很老旧的杉木，腐烂程度严重。虽然是榫卯穿插的结构，因为麻柳溪村当地的师傅当时并没有想过这个朝门会再次移动，所以在朝门上面不断地加钉了很多钉子进行加固。在拆卸时难免出现了很多破损。

那么，该怎么处理和重新设计这些已经零碎的构件？

四、朽木再生

1. 草坊重构

通过对榀架构件进行归类整理（图6-6），发现较完好的瓜、柱、挑并不多，针对现有的材料和破损的程度，团队决定以旧物改造的方式来实现它的重生。笔者和两位学员共同商量、多次讨论后，最终确定了两个改造方案：草坊与茶台。

图6-6 进行瓜、柱、挑的归类
图片来源：刘薇拍摄

新草坊的两根中柱是从老朝门上拆下来的，屋檐形式采用类似歇山顶的披檐样式。将现有的瓜和挑进行穿插与重构，就完成了草坊的主体构架。对较完整的局部构件进行再一次加工修补，如破损的小瓜柱与弯挑等小型构件，弯挑在原有的基础上进行了新的龙形雕刻（图6-7）。

关于瓜柱的重新加工问题，与熊国江师傅商议后，将原来的八边形瓜柱头改雕凿为"橘子瓣"的纹样雕琢（图6-8）。"橘子瓣"象征着圆满，加工时可以同时去除外皮和局部的朽裂部分，让其更精致美观。这部分的工作主要由熊国江师傅指导，刘薇、王政权、赵小露等学员积极参与动手完成。

在完成上述工作后，再次酝酿结构设计思路，反复斟酌排扇做法，对造型细节进行优化设计（图6-9）。

图 6-7 改变挑的造型

图片来源：赵小露拍摄

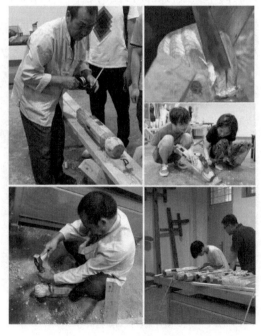

图 6-8 熊国江师傅指导雕琢瓜柱"橘子瓣"

图片来源：赵小露拍摄

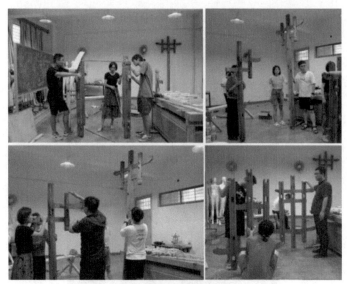

图 6-9 酝酿结构设计思路

图片来源：王政权拍摄

2. 修复与再利用

学员刘薇在对开裂的木头进行还原修复的过程中（图 6-10），从漆艺师傅[①]那

图 6-10 在裂缝里涂抹漆灰

图片来源：刘薇拍摄

___

[①] 漆艺修复由张志纲、方兆华等教师参与指导。

里学习到大漆作为修复材料的妙处：搅拌大漆与木屑灰，并涂抹在破损的木头上，晾干以后，再上大漆，可以达到加固、修补破损木头的效果。依据这种方式，很多旧木料开裂都可以修复，老朝门也就可以脱离旧貌，焕然一新。

这种方式也是当地传统大漆独有的工艺，体现了地方材料与传统工艺技术的优势。

3. 打磨与上漆

上漆之前，要对木胎进行打磨抛光（图6-11），这样上大漆才能有光泽。但是工作量巨大，学员刘薇带动几名本科生不停打磨了好几天，终于完成。

图 6-11　用砂纸和手持打磨机对木胎进行打磨
图片来源：刘薇拍摄

大漆原色偏暗红色，设计草枋的主色调为暖色，以色彩渐变的视觉效果突出瓜柱的造型。要想达到渐变效果，须在漆没有完全干的情况下，一气呵成地刷完所有颜色，同时上漆要透（图6-12）。

图 6-12　上漆过程
图片来源：刘薇拍摄

4. 展览现场搭建

为了保证整个结构搭建方便，还要保障构件全部为榫卯关系（图 6-13）。

图 6-13　搭建过程
图片来源：刘薇拍摄

考虑到是在室内进行展览，屋面的重修没有沿用传统的小青瓦，而是采用了茅草与竹编（这些材料是刘薇从鄂西带回的）。材料的当地化从形式上更加贴合乡土主题，也与老木料相得益彰，黄红色系的大漆木构，搭配枯黄的茅草，有了"秋意浓"的味道（图 6-14、图 6-15）。

在鄂西乡村，有很多与老朝门一样的老木头，面临风吹雨淋、日益腐朽的处境，这既是老旧木构的处境，某种程度上也反映了传统技艺与老艺人遭遇的处境。对老朝门进行改造，人工投入成本很高。本次实践主要是实验性质的，重点在于案例的启示与推广价值。

通过此次还原创作过程，解决了废弃木料和旧物改造再利用的问题，当地传统工艺"木雕""漆艺""榫卯"好像又活过来了，为当地传统工艺的传承再用提供了新的思路。

图 6-14　草枋效果图　　　　　　　　　　　图 6-15　草枋现场展览图
图片来源：刘薇拍摄　　　　　　　　　　　图片来源：刘薇拍摄

　　此外，该作品还体现了当代民居改造设计的一个新理念：老朝门在麻柳溪村的功能已然逝去，它的价值是否还存在？现代人应该如何进行重构？作品实质上体现了一种异地重构的理念，也是一种从室外建筑到室内展品的重构。虽然说在某种程度上，从建筑到室内陈设，老朝门已经降级为室内的展品，不再具有建筑遮蔽物的强大功能，但是老构件的基因密码最终还是被保留了下来，人们在舒适的室内也可以慢慢观察它，重新思考它的去向。

第二节 朽木新芽

一、茶台

茶台是麻柳溪村老朝门改造的后续，也是一个比较有意义的新设计。

老朝门构件除了做一个精简的草枋，去除腐烂的部分，还剩下不少木料。

这些老旧构件形态的保存相对完整。作为瓜柱、穿枋的榫卯结构依然自成体系，没有大的缺损，可再次进行拼装。原有的瓜柱造型虽然较为质朴粗犷，如果能够巧妙利用上，也可以为再加工提供原型，节省材料、时间等很多成本。因此，这些老木头改造的思路应该是局部重组，发展为家具或者装置等新的小物件，以达到重复利用的目标。

确定基本构思后，项目组师生现场琢磨研讨，发现两个瓜柱形成两列后，加上面板，则可作为桌台使用。

学员霍达对设计草图进行了初步的建模，将朝门构件进行切割、拼接，再将原本破旧的老杉木全部重新打磨，收集原本朝门的挑和瓜柱，将其重新排列作为茶桌的支架，并在师傅的指导下制作了一个新台面（图6-16）。

图 6-16 茶台打磨、上漆过程
图片来源：霍达拍摄

在完成茶台构架的拼接后，便是上色，产自恩施州本土的毛坝漆、色漆（图6-17）使这些老木头焕发新的生机。

大漆与木粉的结合可以填补瓜柱中多处破损的裂缝，多次打磨后在表面填涂，可提升老瓜柱的平整度和光洁度。在茶台支架榫口处保留原有朝门的榫卯，可以用来放置小茶具、茶碗等，形成了一个小型的置物空间，体现了细节再设计的价值。

图 6-17　茶台制作过程
图片来源：霍达拍摄

结合麻柳溪村两大特色，一是富硒茶；二是该村有着随处可见的竹林，很多吊脚楼周围都会有一片竹林。设计对"竹""木""茶"三个元素进行了创意整合。

茶台以茶绿色作为主色系。导水槽的设计也很讨巧，在桌板的中间用一块毛竹破开做成一个导水槽，茶水可以顺着木板的坡度流向水槽，最终通过水槽两侧的出口汇入桌下的水皿中。在所形成的水口中，配置一小型吊脚楼造型的木艺玩件进行节点装饰设计，但桌板在异地进行加工，茶板下部连接的撑子定位不准，无法与下部支架部分拼接，只能将两侧的竹子锯掉一部分形成了一个缺口，导致水口受到影响。在出现了这样一个难题后，经过反复推敲后终于想到了一个解决办法：找两个半圆形的竹片对其进行覆盖，再用漆灰黏合竹片，对水口进行隐性处理，使最初外露的水口变为隐形水口。

茶台通过将旧料打散、异位、还原，再重新组合，展现出了新的面貌，也保留住了岁月沧桑的痕迹（图 6-18）。

此外，我们还将排扇的吊瓜倒置了起来，瓜柱头朝上变成了扶手，可以常常抚摸，颇有趣味。这是否也算是一种创新？事实上，这种手法在武陵山老木匠那里早已实践了。笔者曾在湘西龙山县捞车河村见到的一把小椅子，椅子的靠背就采用了瓜柱倒置的装饰设计手法，小小椅子借用了干栏建筑的语言，感觉体量虽小，但是形态丰富，让人爱不释手（图 6-19）。

图 6-18　茶台完成效果

图片来源：霍达拍摄

图 6-19　瓜柱倒置作为家具装饰

二、香案与茶盘

在一次考察中，杨佳奇在一栋老屋后面发现了一捆木料，仔细甄别后发现是白香木，这种陈年木料会散发出浓郁的香味。由于在存放过程中被虫子蛀咬过，木料切开后有非常多且比较硬实的小孔洞，杨佳奇认为，如果用它做一个小物件的话，这些小孔洞会很有趣味性和质感。于是，成就了白香木茶盘。茶盘造型为凹凸有致的盘状，可以泡茶滤水，总体造型像一片蕉叶，自然舒展，颇有自然美感。饶有趣味的是表面上密布的小孔，原本看起来腐朽的木头经过打磨和创意设计，充满了新奇的趣味感（图 6-20）。

与白香木茶盘可以做对照的是木纹更加细腻的小叶桢楠木茶盘（图 6-21）。这个木料更加稀缺，纹理也更加好看。老木料的价值就在于平凡中的惊艳，在于匠人独到的眼光和艺术想象力。

图 6-20　老白香木制作的茶盘
图片来源：杨佳奇拍摄

图 6-21　小叶桢楠木制作的茶盘
图片来源：杨佳奇拍摄

　　另一件作品是案几，案几面由两块老床板拼合组成，虽然有多个木结疤，却有着新家具所没有的陈年木料沧桑隽永的气息。利用了原有床板木料的卯洞口作为案腿的插口，节省了新开卯口的工时，保留了老木料的完整性。由于床板较长，为了充分利用，只是稍微去除了端部的瑕疵，两端还是稍微会长一些。为此，杨木匠专门在两端做了卷曲的案头造型，使案几看起来更具有书卷气息和吉祥寓意（图 6-22）。

图 6-22　老白香木制作的案几和椅子
图片来源：杨佳奇拍摄

随着现代建筑结构与材料的普及,传统木构日渐式微。总体而言,最大化地利用老屋木料的价值是一个重要的课题,榫卯结构为这些木头重新获得新的生命提供了重要的基础。比较遵循规范的(近似于模数化)的建造废弃木料通常可以再次使用,如本次对老朝门木料的再利用,大部分构件尺寸、榫头卯口大小基本可以再次匹配,很多结合点甚至不需要重新制作榫卯,这是传统木结构建筑的一大优势,符合生态设计再循环、再利用的趋势。

第三节　核 桃 圆 记

团队调研期间发现了一栋待拆迁老屋,正屋板壁上的窗花十分美观、显眼。经屋主人同意后,在拆卸时,我们发现窗花与建筑的板壁之间有暗榫。暗榫很难切割,当板壁倒塌时,窗花即刻被连带损坏。

2019 年 8 月,杨佳奇拿来一个麻布袋,里面有散落的圆形窗花。对木头进行拼装,发现窗花材质为白杨木,整个窗花上共雕刻了七组"核桃圆",寓意"七星高照"。中间核心位置的核桃最大,装饰最多最饱满,左右和上下几个核桃略有差异,体现出构图的匠心,也表现出传统装饰中的等级思维。尽管有些木格已经遗失、掉落,但只要能够修复几个主要部件就可以基本上复原。

核桃圆是鄂西当地门窗最常见的一种装饰图案,鄂西工匠尤其喜欢制作这个样式,说明当地居民对它的认可度较高。无论是最简单的板壁小窗,还是比较隆重的雕龙画凤的堂屋门板,都能够看到核桃圆(图 6-23、图 6-24)。

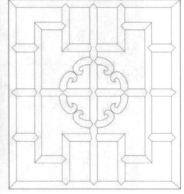

图 6-23　核桃圆窗花

图 6-24 核桃圆（二龙抢宝）

　　木雕小木作属于精益求精的手艺，但如今会制作窗花的小木作木匠基本上找不到了。鄂西市场上的仿古窗花厂大多改用机器制作，为节省成本，木料通常较细，多为松木，机器的工艺相对简单粗陋，与传统手工窗花完全不可比。在恩施等地区，修建吊脚楼的师傅极少有会修复窗花的，居民往往去旧换新，购买新的木窗或者铝合金、塑钢等窗户。庆幸的是，熊国江师傅凭着多年的经验，为这次窗花的复原提供了帮助。

　　团队决定以修旧如旧的方式对窗花进行手工修复。这样，核桃就可以再次复"圆"，获得新的生命（图 6-25）。因其底部有所残缺，于是我们为其加上了一个老椿树树根底座，在修复过程中也就省略了窗花下部的结构。

图 6-25　核桃圆（七星高照）修复过程

图片来源：史萌拍摄

修复工艺步骤如下。第一步，用本地的鸡血椿料将破损之处修补完整，再用砂纸小心打磨。第二步，用墨汁给新木上色，使窗花整体色度统一。为了使窗花的整体效果更加透亮，在表面刷上多遍大漆，以提升耐腐、防潮性。第三步，根据造型搭配适合的底座。咸丰县朝阳寺镇附近大山有一截椿树被砍剩下的树桩子，在树桩的截面上锯出了一弧形凹槽，用作窗花的底座。核桃圆终于圆满完工（图6-26）。

图 6-26　修复后的核桃圆（七星高照）

由于时间久远，传统民居中的老木料大多油饰剥落、木板劈裂、地脚糟朽严重，它们或者被屋主丢弃，或在重修整治中降级为废木料，实在令人可惜。因此需要创意和设计，变废为宝，修复再造，循环再利用，把它们转变为全新的设计作品。

总之，对于土家族吊脚楼营造技艺的"活化"与再利用的传承，笔者认为需要从小事做起，从日常旧物件的再利用做起，从旧物中重拾传统生活的情趣，以启发当代中国特色的设计思维与诗性美学。

第七章

创 新 在 途

　　创新，并不是一个简单的事情。守正创新，更是干栏民居面向发展应该坚持的态度。

　　项目组认为，原型与创新再设计之间的生发关系逻辑是创意创新设计的前提和基础。准确把握构件的原型是最基础的工作，在理解原型生成原理的基础上，可进行适度的创新变化。例如，在传统营造中，"板凳挑"就是对"大刀挑"等一步水挑的创新应用：将檐柱变为瓜柱后，板凳挑就变成了两步水出挑，跨度便达到了6尺，空间形态也就随之变得丰富起来。

　　不同的工艺作品类型体现了不同的尺度范畴：小尺度的有小饰品、小玩件，中尺度的有家具等，较大尺度的有雕塑、公共艺术品。不同尺度的造物均可以通用形式语言，只要稍加梳理，便不难辨别出几何的对位和形式的呼应。例如，前述家具类的创新作品茶台来源于建筑局部"丝檐"（挑廊），建筑中真实的结构语言已然转变成了茶台中一种旨在观赏的构造情趣，将建筑中的趣意悄然转化、重新呈现。

　　土家族木构的脉络和渊源是清晰的，如建筑中"挑""瓜柱""伞把柱"的符号语言，是具有强大生命力的可持续性符号资源。这一审美特质依然可以引起行为和知觉的互动，使人产生一种对民族原型式的记忆和认同。

　　土家族木构的文化资源丰富，如匠人口诀、仪式、象征符号、图腾图像等，还有待继续挖掘。我们要把握营建文化的特质，辨识"原真性"，避免符号的现代性泛滥，更要避免以讹传讹与误导。

第一节 元 素 创 意

一、构件元素再设计

1. 吊瓜文创

　　一栋吊脚楼的建成离不开瓜、柱、挑等构件的配合。这些构件具有特色，也是创新的源泉。学员利用这些特色建筑构件制作了一系列新的艺术品。

　　瓜柱造型多样，大多为原木雕刻。学员武瑕积极构想出新的思路，她制作的瓜柱简洁轻巧，用 5 毫米粗的棉绳编织而成，柱头里塞入珠子，然后将珠子夹在两指中环绕，柱身另外延续盘绕，形态类似一个感叹号（图 7-1）。

　　从材料和形式的逻辑出发，绳—结对应的柱—瓜在设计语言上是一脉相承的。悬空的吊柱突然结束，难免给人以悬空、不稳定、突兀的感觉。吊瓜以"点"的形式示意垂吊的"线"（柱子端部）的结束，并由此获得视觉焦点（图 7-2）。麻绳材料的实验说明，该材质可以作为实际建造可以替代的材料，具备建造语言替换的潜力，在生态保护的语境中可继续发展研究。

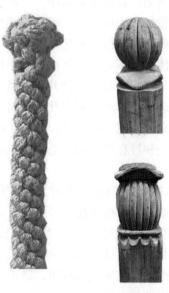

图 7-1 瓜柱的多种材料尝试

图片来源：武瑕制作、拍摄

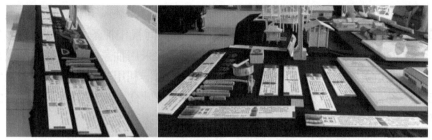

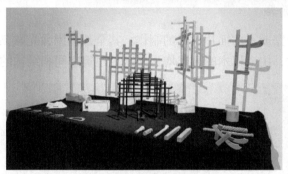

图 7-2 现场展览效果图

图片来源：武瑕制作、拍摄

2. 龙头尺和茶叶盒

学员武瑕利用其他材料，就土家族吉祥图案的主题制作了文创产品，如窗花样式的茶叶盒子、带"龙头挑"装饰的量角器（图 7-3）、排扇样式的书立等文具及其他装饰品等。

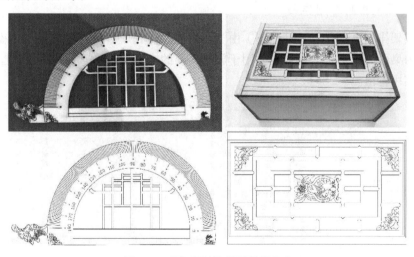

图 7-3 "龙头"量角器和茶叶盒

图片来源：武瑕制作、绘制

龙是先民想象中的神物，能兴云布雨、利益万物、顺风得利。龙更有英勇、权威和尊贵的象征，历代为皇室御用，被土家族民间视作神圣、吉祥、吉庆之物。在来凤县的土家族干栏建筑中，厢房的檐角挑常常采用抽象龙头的装饰（往往只挖出一个龙口），龙头昂首向着远方。小小的量角器利用这个传统的造型元素，具有了一种吉祥寓意。利用民间窗花纹样制作的茶叶盒，不仅增添了半通透的审美效果，也使一个精巧小物件具有了建筑的空间意味。

3. 木插片玩具

学员史萌等完成了木插片玩具的制作。其全部使用激光雕刻机完成，适用对象为学龄前儿童，用搭积木的方式增强儿童对建筑空间和结构的理解（图7-4）。

图 7-4　木插片玩具

图片来源：史萌、巫静萱制作、拍摄

4. 楄架排扇系列作品

楄架排扇系列作品（图 7-5）由学员武瑕制作完成。设计构思是将该楄架排扇作为桌面的观赏工艺品，主要用于放置零碎的饰物（如项链、手串、钥匙等），具有实用价值。

图 7-5　楄架排扇模型（比例1∶12）

图片来源：武瑕拍摄

学员王艳丽的作品《诗南轩》（图 7-6）通过对传统吊脚楼建筑结构中排扇部件元素的提炼与升华，将部分小榫卯突起物设计成"挂"钩，演化出功能齐全的笔架，下部木制底盘挖做砚盘，可盛墨水，镇纸也是穿枋形态的木片，文房四宝一应俱全，令人爱不释手。作品保留了木纹自然形态，并结合传统漆艺技术丰富木纹质感，强化使用者的手感与触感。

学员陈千桓的作品《云卷·云舒》（图 7-7），利用原木的基本构架和古朴的大漆工艺制作而成，将五颜六色的葫芦挂满了梁枋，寓意多子多福。为了建构出落地、升天的造型意向，排扇的色彩涂饰显示出色彩的明快和下沉的意蕴，局部添加金粉做了渐变处理，用亮色笔触描绘出浮云的形态，整体风格传统、色调沉稳。

图 7-6 诗南轩

图片来源：王艳丽制作、拍摄

图 7-7 云卷·云舒

图片来源：陈千桓制作、拍摄

二、柱瓜母题之灯笼

老灯笼来源于熊国江师傅，据说可能有两百年以上的历史。老灯笼的设计创意来源于吊脚楼排扇中柱、瓜、挑等构件的构造。这个物件充分说明了土家先辈的奇思妙想、心灵手巧。它是由三片相同的穿斗构件交叉，通过中间转轴相连而成，能够折叠合为一体，携带方便。灯笼上部分构件端部保留传统的挑枋形式，中间部分依据传统形式进行弧线的造型处理，在视觉上更有活力。三个灯具杆件（分别比拟为挑、吊瓜柱、立柱）均选择龙纹进行雕刻装饰，但上中下的龙造型各不相同，它们指向不同的方向，好比汇聚四面八方的天地灵气、运气、财气到家中。项目组仔细测量了老灯笼的尺寸，研究了制作工艺并进行了复制（图 7-8）。

根据这个母题，项目组还创作了一个现代台灯，选择最高的"伞把柱"和排扇构造作为基本造型元素（图 7-9）。台灯借用排扇左右对称的构造形式，使两个排扇形成十字交叉造型，即运用"伞把柱"为主、"反爪挑"为辅的结构，整个作品榫卯拼接模块化设计，传承和弘扬了榫卯智慧。通过现代机械与传统手工艺结合，提升其制作效率，同时挑起部分与收分处理仍采取传统手工完成，保留了传统手工制作的美感。窗花与柱子是用榫卯链接可拆卸的形式，使用亚克力材料做遮光板。

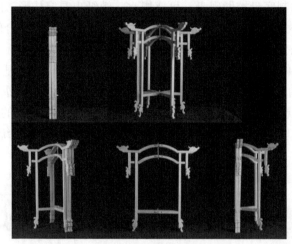

图 7-8　折叠灯笼架
图片来源：李贵华制作、拍摄

图 7-9　"伞把柱"台灯
图片来源：李贵华制作、拍摄

外部装饰上，选择掌墨师专属标记排扇各个柱子构件的木匠字，在面上分别撰写西中前檐柱、西中前金柱、西中前檐柱、西中后檐柱、西中后金柱、西中后檐柱等。在色彩上，主体倾向于表露传统木材原色，以凸显传统吊脚楼民居的质朴感。局部颜色比较丰富，使用当地土漆，将柱子刷成红色，颜色深度由上到下逐渐变浅，吊瓜借鉴南瓜的金黄色，4个反爪挑使用翠绿色由内到外逐渐变淡。灯具整体的红色为当地建筑中常用的色彩之一，传达着吉祥的寓意，翠绿色代表自然环境的色彩，传达出尊重自然的思想。

第二节　日　用　小　品

一、土家族衣架

学员唐敏创作了一件具有土家族风格的衣架作品（图7-10）。以吊脚楼排扇为设计起源，提炼一榀排扇的结构并进行形态优化。与柱子间穿枋结构不同的是，唐敏的设计中，穿枋变成了圆梁，成为挂衣杆，圆梁悬挑出，类似于挑枋，下接立柱紧密咬合；为加强吊脚的形式感，在两边下吊一根瓜柱，就类似于吊脚楼厢房的吊柱吊瓜了。

此作品将一个具有"弯月挑"形态的木板插入圆梁中，整体造型意向更像吊脚楼厢房走栏的上部丝檐。这个家具设计在保留传统吊脚楼经典构造特征的情况下，衍生并创新了节点构造，是符合现代审美并具有实用功能的家具产品。例如，在作品中利用现代切割机，榫卯工艺更加精细，将肩榫、双夹榫、圆木销等吊脚楼典型的几种榫卯形式运用其中，体现出新的木作智慧。

该家具涉及三种连接工艺：第一类是面板连接。面板是一个面的构成，是用对肩榫将大边和抹头组成一个方框，然后在框内嵌薄木板，即将板心嵌入。第二类是面、面连接。用槽口榫、企口榫把两个面连接起来，还可以把两个边拼合起来，甚至可以把面板与边接合在一起。槽口榫是在局部位置利用榫头与封闭的卯眼相结合，也就是榫头与榫槽的连接把两个面紧贴在一起。企口榫的基本结构与槽口榫类似，榫槽拉通粘合在一起，使木板与木板紧密地结合在一起而形成一个大的面。第三类是点的连接。用格肩榫、勾挂榫、楔钉榫可实现横竖材料的丁字结合、成角结合、交叉结合，还可以实现直形材料与弧形材料的伸延结合。

格肩榫榫头在中间，两边均有榫肩，故不易扭动，坚固耐用。格肩榫可分为大格肩榫和小格肩榫，小格肩榫是在一根木枨端处开榫头，两侧为榫肩，靠里面为直角平肩，外面格肩呈没有角的梯形格角，两肩部都为实肩。

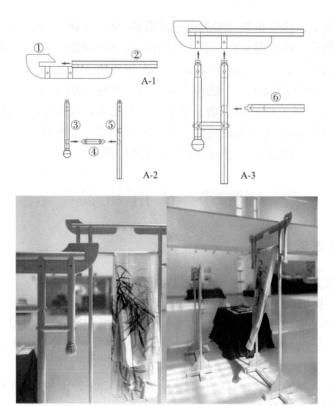

图 7-10 "板凳挑"衣架

图片来源：唐敏制作、拍摄

另一根木枨开出相应的榫眼，靠外面榫眼上面挖出一块和梯形格角一样的缺口，然后拍合即可。勾挂榫常用于霸王枨与梁的结合部位，霸王枨的一端托着大梁的穿戴，用木销钉固定，然后用楔形样填入榫眼的空隙处，不易脱出，故曰"勾挂榫"。两片榫头交搭时，楔钉榫榫头上的小舌入槽，使其上下不能移动。又由于在搭口中部剔凿有方孔，将一枚断面为方形、一边稍粗、一边稍细的楔钉插贯穿过去时，不会发生左右移动。

作品通过对吊脚楼建筑形态美学特征的研究和分析，以微小的家具为载体，让传统木作文化回归现代视野，融入日常生活。衣架的榫卯设计精巧，可以全部拆卸，衣架上部结构可以装入行李箱中，让远离村落的土家族人找到属于自己的那份乡愁和怀念。

另一件衣架源自柱瓜主题，造型来自一个神龛的局部装饰。在熊国江师傅的指导下，学员熊应才创作了这个新式衣架（图 7-11），即一个创新的极简版本"一柱二瓜"的样式。之所以说这是一个全新的样式，是因为即便是最小、最简单的朝门也应该是"三柱落地"的样式。这个衣架一侧运用垂瓜（吊瓜）样式，另一侧运用了板凳挑，挑上再立莲花造型的瓜柱，独创一格，一边一个，和合不同，相映成趣。

图 7-11 吊瓜主题衣架
图片来源：熊应才制作、拍摄

二、金栓凳

"金栓"是典型的穿枋结构节点的细部做法，其位置布置十分有章法，它既是柱、枋构件结合处，也是枋件的终点。

金栓凳（图 7-12）以金栓为主题元素制作，整条凳子由凳面、凳脚组成，凳脚有榫头插入凳面，穿上 6 个金栓即可固定，随时可拆卸。利用了金栓这一节点构造语言来生成，作品便具有了结构主义的风格。材料使用废弃榆木，施以木蜡油，使老木重生，重塑旧物并赋予其新生的理念。

图 7-12　金栓凳

图片来源：龚祖祥制作，刘薇拍摄

该作品装配简单，便于操作，但是细节设计略显不足：对凳腿侧板强度考虑不足，横撑削弱了整体性。凳子多次装配后在此薄弱处裂开，这也是对设计者的重要意见反馈。

三、土司梦

土司梦（图 7-13）由学员熊文印完成。造型元素主要取自吊脚楼排扇部分，每根柱子的上部顶端是布满雕刻的瓜柱，这一设计属于瓜柱倒置。

由于缺少高水平的传统木雕师傅帮忙，对硬木立柱的加工，在实际操作中没有合适的刀头进行打眼。制作中曾考虑过穿枋用 PVC 管或不锈钢管做模具，但因为是圆木与圆木相连接，没法完全吻合，所以最后还是靠最原始的方法手工制作完成。作品外观朴素，用麻绳缠绕，框架部分使用了铁丝。铁丝塑性好，简单随意，作为现场的陈列也更加灵活。

排扇主题的出现不单有着床架结构的意义，更是反映土家族人们对于梦空间的理解，有了这个组件，怀乡之情会更加清晰，会有更多的延伸感。但这个作品的构思没有完全体现，有待日后的思考。

图 7-13　土司梦

图片来源：熊文印制作、拍摄

四、屋帘

学员张枞的屋帘（图 7-14）以土家族朝门为切入点，设计了一系列的景观装置，提取传统建筑元素的同时进行了创新的交互设计，使设计融于生活，服务于生活。

图 7-14　屋帘

图片来源：张枞制作、拍摄

建筑元素的创新再设计不是孤立存在的，在新的环境景观中，作品通过水景景观植入排扇屋架，形成一个亲水的建筑小品，辅以休闲座椅、展牌导向、垃圾分类站、廊道景观等，成为一个具有现代休闲观赏功能的景观设施，体现出在现代气息下的一种文化传承，具有一种纪念性和仪式感。灯光的处理，使这件小品富有时代感和浪漫休闲气息。

五、"白马亮蹄"亭

学员陈斯亮制作了一个"白马亮蹄"亭（图 7-15）。这个亭子的结构为半边坡屋顶，不具备完整功能和形态，实际只构建了一个类似朝门的门头局部。

作品构造的重点在于展示板凳挑，清晰呈现其细部构造，但是由于作品尺寸较小，又对传统构造进行了一定的简化处理，板凳挑的细部结构展示并不是很到位。

图 7-15 "白马亮蹄"亭

图片来源：陈斯亮制作、拍摄

六、"重返麻柳溪"亭

该景观小品的灵感来自咸丰县麻柳溪村，吊脚楼水车、竹林、小桥、栏杆、竹筒等要素组成一个整体而丰富的景观（图 7-16）。吊脚楼水车下方的拱形结构为建筑增添了动感与活力。基座巧妙地借用了木材的天然空洞空间，别有洞天，形成了一种独特地形与趣味。龙形小桥飞架于凹空之上，成为基座左右两岸连接的纽带与视觉点缀，选取曲折多变的枯树枝作为吊脚建筑的配景符号，对房屋起到了很好的烘托作用。

图 7-16 "重返麻柳溪"亭

图片来源：范洪涛制作、拍摄

第三节 新 型 干 栏

民居是地域性的产物。无论是鄂西还是湘西，是渝东还是黔北，十里不同天，百里不同俗，不同民居各具风情，其中的传统木构显示出它强大的适应性。

经过数次研讨会，设计团队达成了以下设计原则。

第一，建筑特色及建造材料。对土家族吊脚楼建筑的特点、主要传统构件的名称、相关历史文化，用测绘记录等方式复原与再现，在保护和保留传统木构建筑特色的基础上，尝试做一些超前试验性的研究、材料组合上的创新，如钢木结构、竹木结构、砖木结构、夯土木构等，将传统排扇用其他材料更新，既有土家族符号和形式韵味，又有简化、创新的具体内容。

第二，空间格局及布局形式，土家族吊脚楼建筑内部的功能布局不同于普通大众住宅的模式，吊脚楼建筑内部空间主要由走廊、堂屋、财门、生门引导和串联在一起，在建筑创新上应结合新的发展模式、新的功能、新的生活需求进行再设计。

第三，建筑技术与建筑构造。不论是新的建筑材料，还是新的建筑形态，一定是要能解决现有的问题的，如支撑问题、维护问题、采光问题、构件创新问题等，作品上尽量去论证并呈现出来。

一、水岸山居

组员黄泽斌、刘亚等以"水岸山居"（结庐在武陵，走进新时代）为主题，完成系列作品（图 7-17 至图 7-20）。这些作品展现了对土家族吊脚楼传统风貌传承及技艺创新的一点思考。

图 7-17　土苗新聚落

图片来源：黄泽斌制作、拍摄

图 7-18　山上新干栏

图片来源：黄泽斌制作、拍摄

图 7-19　望月亭
图片来源：王迪制作、拍摄

图 7-20　山下新转栏
图片来源：刘亚制作、拍摄

黄泽斌在湘西从事风景园林专业工作，他认为研究传承的原动力及如何建立传承创新的生态闭环，要基于问题导向逐渐深入，即从人地关系到文化传承再到吊脚楼技艺。

系列作品以五户对吊脚楼情有独钟的鄂西家庭作为传承载体，以吊脚楼为原型，根据不同的住户需求，探讨吊脚楼在新时代的传承途径及技艺的创新。

系列作品共分 6 个地块，除一个无建筑地块外，其他 5 个地块分别有一栋吊脚楼构建。作品展现的是既依山又伴水、既传承又创新的新型吊脚楼，在山居环境中起到承前启后的作用。黄泽斌、刘亚、朱文豪、王迪等学员在模型设计中既吸取了鄂西土家族吊脚楼的精华和特色部分，如吊脚、龛子等，也借鉴了湘西凤凰县沱江镇吊脚楼的阁楼、升脊等空间语言（其中也有苗族吊脚楼的建筑特点），并结合了滨水景观。设计的总体目标在于如何适应武陵山区更为多样的场地环境和人文特点。

新型干栏的基础依旧是穿斗架结构。作为非物质文化遗产传承人的后代，刘亚一直跟随父亲刘安喜从事建房实践，在利川市等地建造、修复了大量新老木屋，实践出真知，刘安喜父子为应对不同场地施工条件，对传统穿斗架结构立排扇工序方法进行了创新，使其更具适应性。

传统立排扇工序是将整个排扇穿好后，几十人一起用力，前拉后顶，整体竖立。但现在刘安喜师傅通常找不到那么多工人，且很多新木屋层数较高，加之受场地限制，刘安喜师傅创新了立排扇的方法：先搭好钢管脚手架，利用这一框架，边立边穿，先将中柱立起，然后依次安装其他枋柱。刘亚和父亲为了显示区别，将传统排扇称为"地排"（在地上排），将这种方式称为"天排"（在天上排）。显然，这种"天排"的施工方法适用于更为复杂的地形和苛刻的施工条件（图 7-21、图 7-22）。

图 7-21　边穿边立的"天排"（中间为刘亚，上面是刘亚父亲刘安喜师傅）

图 7-22　在"空中"进行穿排

边穿边立并非新鲜事物，穿斗架之穿枋在走向装饰化的演进过程中，构件发展日趋粗壮化，枋构件梁化，整个"硬穿枋"[①]逐渐被断开的多节"花穿"（梁）所取代，边穿边立的方法得以成立。刘安喜师傅的"天排"方法，依然适用于整根"硬穿"，鄂西民间穿斗架的属性保持不变。

边穿边立提供了一种新的选择，传统工艺也得到了新的拓展。

二、木羽："水面"创新

吊脚楼营造技艺与众多传统优秀手工艺一样面临着无人传承的境地，其中一个重要的原因是这些传统木结构构造在人们的生活中被逐步代替。因此，对构造的传承与创新势必是新的发展趋势。

学员黄勤的木羽（图 7-23），是像羽毛造型一样的木构架。设计以吊脚楼"穿斗架"营造技艺为出发点，重建一个吊脚楼"分水"曲面形象。这个屋顶的曲面依据传统工法，屋面骨架（檩子和椽子）由不同的柱高位置接续构建，从形态上更加陡峭，类似东南亚船屋形态。屋顶的这一反曲向阳的造型，加上不同榀架的高低节奏，增添了像船帆一样的漂浮感。

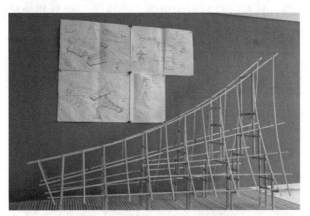

图 7-23 《木羽》草图及过程
图片来源：黄勤制作、拍摄

该作品的设计初衷是希望建筑承载功能能够供人冥想思考，容纳每个人的精神世界。其入口榀架很小，只能允许一人进入，进入后空间逐渐扩大，使人在冥想的同时有一种穿越的感觉，从而体会"营"（意向）与"造"（形象）的统一（图 7-24）。

———————————

① 硬穿，指完整的一根木料，通过变截面的方法穿过每根柱身，将柱串联为"排扇"，且无接头。

图 7-24　木羽多视角效果
图片来源：黄勤制作、拍摄

三、转栏吊楼

　　转栏吊楼（图 7-25）由学员杨佳奇设计、制作。杨佳奇是苗族人，祖辈深居于大山中，对大山里的生活有着深厚的情感。该作品迎合了巴蜀大山土司部落早期居住文化的主题，具有轻灵写意的风格，体现了干栏早期的某种诗意的形态。

图 7-25　转栏吊楼（土家人茶韵）
图片来源：杨佳奇制作、拍摄

该作品可以看作少数民族干栏变迁的某种原型，四面檐廊、依山立水，简朴而又轻灵，充分地融入环境之中，同时它也是山地少数民族生活精神与生存智慧的体现。

地形设计上，根据鄂西传统习俗，院落中水的流向不能直泄而出，也不能四处满溢，而是要体现汇聚原则。对于水源口的设计，出水与排水，自然就有水沟，再到聚水潭，多余之水向低处流去。建房之处，尽量背后要有靠山，左山高于右山（左青龙右白虎），屋正前方要有小平山或土堡。

山形地基模型①三天完工。该模型是一个颇具实用性的茶盘，转栏吊楼便成为茶盘上的装饰，提供喝茶时的视觉趣味点，也可以放置小茶具。

除了山形地基模型和转栏吊楼，杨佳奇还制作了"土家人茶韵"的人物雕塑配景。三位土家族人相对喝茶，这一创意来源颇为有趣，据说清朝时，川鄂湘各地土司王的族人常常在自家转栏式吊脚楼下品茶。

四、合作社系列

学员周爽、戴菲、翁雯霞、商艳云等通过对麻柳溪村考察调研发现一些问题，如村落发展缺乏内生活力、政府投资不足、新建筑形式缺乏本土特色等，提出了设计形式创新的整体思路。

他们借助各种合作社的形式设计了乡村文旅设施，传承发展非物质文化遗产，激活村落自主生发能力，提出了四个合作社——神豆腐合作社、腊肉合作社、洋芋合作社、茶叶合作社（图7-26、图7-27）建设。在设计展示上，一方面通过民俗演示宣传土家族吊脚楼的制作工艺；另一方面根据现场调研、实际测绘，结合农村合作社的功能需求对土家族村寨的生活进行传承与创新设计。

1. 茶叶合作社

鄂西地区因特有的山形地势与气候特征，非常适宜茶叶的生长，形成了特有的恩施玉露、利川红等高端精品茶叶。本方案根据该地区的茶叶种植及加工特色，结合吊脚楼独具风情的建筑风格，重新划分了传统的建筑空间，充分展现了茶叶的制作、体验过程，结合赏茶、品茶、特色民宿等功能，打造了集制作、体验、售卖、住宿多种空间于一体的茶叶合作社。

---

① 楼房模型所用材料：金丝楠（小叶桢楠）花骨毛料一块，长15厘米、宽12厘米、厚12厘米，完工时作品高7.5厘米、长10.1厘米、宽8厘米。底盘制作材料：毛坯香樟木板一块，毛重35.68千克、长1.3米、宽75厘米、厚度约12厘米。工具：电动打磨机、电钻、手工锤子、槽刀、打磨片、打磨砂纸、根雕秘方专用复合油、根雕秘方专用蜡水，作品工期为17个工作日。

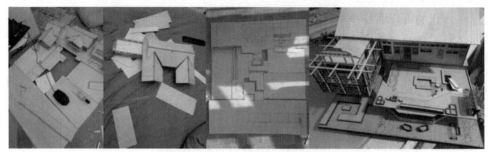

图 7-26 神豆腐合作社设计过程
图片来源：周爽制作、拍摄

神豆腐合作社　　　　　　　　　　　腊肉合作社

洋芋合作社　　　　　　　　　　　茶叶合作社

图 7-27 合作社系列
图片来源：戴菲、翁雯霞、商艳云制作、拍摄

茶叶合作社分为五大区域：绿茶精加工制作房、家庭套房、品茶馆、绿茶售卖房、单间民宿，解决当地住宿与体验过于分散的问题，为旅游产业的发展增添助益。

2. 腊肉合作社

恩施州的腊肉熏制一般都在室内火塘中进行，寒冷的冬季，火塘既可以烤火取暖，也可以熏制腊肉。但对于游客来说，往往没有机会体验这一制作过程。

该方案结合该地区传统的腊肉饮食文化，采用土家族吊脚楼的传统建造形式"钥匙头"，围绕居民日常生活模式、腊肉制作过程、游客居住饮食体验等，提出解决方案并改进吊脚楼一层的半室外空间。该方案一方面展现了土家族对大自然的尊敬与利用，另一方面结合游客对游乐休憩空间的需求，形成了独具特色的腊肉合作社建筑空间。

3. 神豆腐合作社

神豆腐属于麻柳溪村的特色美食。它与传统豆腐不同，原料是一种灌木植物的绿叶。正是由于制作方式和原料的独特性，其展示、品尝、售卖便具有极大的旅游吸引力。

该方案正是根据这一特殊的地域文化背景，结合神豆腐饮食特色进行解析。通过土家族吊脚楼的两种基本建筑形制—字屋及钥匙头，结合当地艺术特色民宿，设计了集制作、品尝、展示、售卖、居住多种空间于一体的建筑形式，很好地解决了当地旅游与发展的矛盾，使土家族建筑特色及多样化的旅游体验共存与发展。

4. 洋芋博物馆

土家族常常将洋芋与米饭共同烹制，形成色香味俱全的洋芋饭。本方案结合鄂西地区洋芋种植文化与餐饮特色，对传统建筑空间进行解析，围绕土家族居民的生活、生产模式及其特定的自然人文环境，提出了适应性的改造与营建策略。

洋芋合作社对传统建筑空间进行新的功能布局，通过洋芋博物馆、特色餐厅、土家族民宿形成主要的室内空间，同时利用室外大面积的空地打造洋芋种植体验区，整体空间在满足生活需求、尺度适宜的基础上，力求自主与商用相结合，使该建筑既符合生态人文价值，又符合实用美学价值。为了能够吸引本地居民，学员创作了洋芋博物馆的室内民俗展陈设计，以及根据当地方言"扯白"[①]做了博物馆的主题及视觉传达设计（图 7-28 至图 7-30）。

图 7-28　洋芋博物馆设计方案
图片来源：王国威制作、拍摄

图 7-29　"起扇"模型
图片来源：贾琳制作、拍摄

① 方言，意思是聊天。

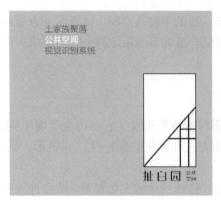

图 7-30 穿斗架美学视觉识别系统

图片来源：贾琳绘制

鉴于以上创新设计案例的分析总结，笔者认为当下的创新可以大致包含以下五个方面。

（1）概念创新：从物质性的建筑空间到"文化-空间"整体，重新认知传统。

（2）路径创新：从静态空间到动态传播，从形态表象到文化再生产循环。

（3）价值创新：从工具理性到价值理性，发掘并转换价值范式。

（4）主体创新：非物质文化遗产属于所有参与的主体，克服主客区隔、屏蔽、排斥，促进不同主体融合。

（5）方法创新：坚持动态发展，从同质到特质、从保守到重构。

我们要以建构的视野看待传统技艺体系，传统技艺是一个"编码"的系统过程，需要将关注点转向对木结构技艺的系统挖掘、整理和解码，要从形式解读走向造物（器）的诠释。重构的途径还在于当代语境下对传统技艺进行积极的转化，将其转化扩展到新的社会生活语境中，形成一种新的日常思维，贯穿于设计教学的诸多领域。

—— 第八章 ——

去 伪 存 真

　　面对现代化冲击，许多木匠转行做了其他职业，少数传统匠人改做现代家具与棺材行业，做传统"高架"活路的匠人数量急剧减少，修建吊脚楼的技艺失去了赖以生存的土壤，逐渐衰落。与之相关的传统精神文化也在褪色，表现在民间信仰文化的消逝、行业规范的宽松化、民族身份与感情的淡化等多个方面。东家和匠人都不再崇信那些古老的"繁缛"的习俗，修造房屋也不再说福事，珍贵的记忆渐渐模糊。

　　一方面，老匠人嗟叹老房子、技艺、民间文化在逐渐消失；另一方面打着土家族吊脚楼旗号的现代景观也不断吸引着现代人的眼球，它们是未来发展的反向还是认知的迷途？我们是跟风与顺从，还是坚守与批判？其纯粹性有待检验和辨析，这也是当下面临的一个重要挑战。

第一节　保　护　困　境

　　保护思想的片面和不足、保护措施的不力、保护技术的贫乏、再利用的不当等，都是当前土家族吊脚楼保护工作中面临的重要问题。特别是，原始材料难觅、传统工艺流失、专业技术人员匮乏等现象，与急增的保护需求之间的矛盾亟待解决。

一、留存现状与危机

　　咸丰县居民以土家族人、苗族人、汉族人为主。土家族吊脚楼作为咸丰县域传统民居的典型，有着得天独厚的优势资源。2011 年，土家族吊脚楼营造技艺经国务院批准列入第三批国家级非物质文化遗产名录；2014年，湖北省将咸丰县列为"土家族吊脚楼营造技艺之乡"。2018年，首批国家传统工艺振兴目录公布，湖北省有13项非物质文化遗产代表性项目入选，咸丰县土家族吊脚楼营造技艺成为唯一入选的家具建筑类项目。县域内吊脚楼风格鲜明，类型丰富，不同乡镇吊脚楼具有相似基因但又各自有别，因具体环境而因地制宜。咸丰县国家级、省级、州级传承人较多，各类活动开展有一定经费保障，相较周边其他县有一定的优势。

据2019年当地相关部门的不完全统计，咸丰县全县有各类传统民居7200多栋、规模连片的民居院落140余个，其中吊脚楼作为传统民居的重要组成部分，约占传统民居总量的40%。[①]

在全县现存传统民居中，保存较好的约占30%，大多留存于唐崖镇、清坪镇、坪坝营镇、活龙坪乡等，由于交通不便、经济制约等因素影响，这些吊脚楼或是被遗弃，或是没有翻新。很多传统民居保留下来主要还是因为户主的经济条件限制，而不是不愿意拆旧换新。这也反映了传统民居保护问题的严峻性。

咸丰县各种传统干栏建筑类型丰富多样，其中尤以"钥匙头""撮箕口""单吊式""平吊式"极具特色。传统民居普遍为二层，三层较少。近年来有部分新式混合结构增建三层及以上；在柱网布局上，以"五柱二""五柱四""七柱二"常见，较大的"九柱二""七柱四"和三层以上的古民居已经不多见，"钥匙头""撮箕口"较多，较完整的"四合院"日益稀少，多进多路的庄园大院现存稀少。

据笔者粗略统计，年代较近的木质吊脚楼大多为"钥匙头""撮箕口"，且它们缺少多样性。这些现象说明传统建筑文化基因的生态延续出现了问题，原因有很多，如地形的限制逐渐消除、材料来源的选择更加单一等。与之对应的是，传统丰富的建造技艺出现了断裂，也体现为新建样式的简单化、模式化等弊端。

受城市化的影响，乡村人口流失，许多古老的民居人去楼空。在咸丰县，据不完全统计，完全利用的民居约占总体的35%，部分居住的民居约占总体的45%，无人居住的约占总体的20%。2015—2019年，咸丰县加大了对传统民居保护的力度，通过政府补助等统一标准进行了相应改造，改造民居数量接近达到全县整体的10%，但改造的同时也存在一定的破坏，改造效果仍有待后续检验。[②]

二、居民保护的难题

当下随着居民生活方式的转变，吊脚楼确实存在一定的不适应性。吊脚楼的

---

① 数据为笔者调研时与当地相关部门交谈后所得。
② 数据为笔者调研时参照当地相关部门对全县干栏建筑资源进行的不完全盘点调查所得。

主材为木材，有着易发生火灾、易虫蛀、不隔音、易漏雨、使用寿命短、维护不经济等缺陷。缺少正确使用、维护传统吊脚楼的知识将无法解决这类问题。

咸丰县清坪镇三多堂古民居院落，建于清代晚期，是一个正屋六开间的大型"撮箕口"，西中堂屋巍峨雄壮，气魄非凡，堂屋入口大门枋上的正中位置挂着"三多堂"的鎏金牌匾。目前，整个院落由三家人使用，其中一户由于不懂古建筑修复技术，将多根柱子的下半部分连同木板壁一律截断，垫上砖砌体，全部抹上白灰涂料。屋面的瓦片大面积换新，室内贴满瓷砖，俨然成为了新房，彻底改变了传统民居的风貌（图 8-1）。

图 8-1　被房主改造后的三多堂

现今，传统干栏式结构与现代人的生活追求并不相适应，有居民认为需要改造内部空间，如改造成现代的客厅，添加卫生间、现代化的厨房等。虽然传统木屋对人体健康、气候适应有着更高的价值，但短期内不具备便利性优势。拆旧与建新的突出矛盾究竟该如何解决？一方面有赖于技术的指导，另一方面须转变思想观念。

三、保护措施的局限性

咸丰县政府希望将干栏建筑风格作为地方的重要特色，并进行一系列新城镇形象设计。纵观县域内民间艺术的影响力，干栏无疑是最具特色和美誉的文化资源，地方政府十分重视。2018 年，咸丰县十四届二次党代会做出"加快复兴中国干栏之乡"的决策部署，县文化部门也展开了一系列干栏保护活动，如吊脚楼模型大赛、三个点的非物质文化遗产传习所建设、十佳保护、非物质文化遗产展览进校园、分步公布文保单位，以及多层次、多梯队地不断推出代表性传承人等工作。这些工作取得了一定的成效，增强了匠人信心。

截至 2023 年，咸丰县共 6 批次累计成功申报国家级传统村落 11 个，国家民委命名的"中国少数民族特色村寨" 5 个，全县发现文物保护点 183 处，其中成功申报国家级文保单位 1 处、省级文保单位 8 处。[1]总体而言，这些传统村落十分珍贵，同时存在着产权复杂性、修缮资金缺乏、专项投入较少等情况。

多年来，传统村落保护工作面临着重重困难，一部分村落在更新的过程中遭受了毁灭性破坏[2]；另一部分村落存在着基础设施陈旧、年久失修等一系列问题。

当前，传统村落保护策略大体如下：一是挂牌保护，并对空置无主房进行适当抢救；二是对易地搬迁等吊脚楼建立专项基金扶持，实施危房改造、复建；三是按照全域旅游规划，在重点集镇、景区、主干公路沿线集中建设与规划，新建公共设施或商品房，按照干栏风格修建或者融入干栏元素。前两项问题主要在于，县以下的部门经费有限。后一项又由于工程短期性，在追求风貌建设、立竿见影的同时往往忽视了具体的、精细化的民居个性特色，难以做到"一村一貌"。

许多吊脚楼是当地居民唯一的住所，如果鼓励新建干栏式民居，则需要拆除老屋，新建屋基批复困难，于是许多新屋突破常规高度，演变为高大洋楼，拆旧与新建之间是难以解决的矛盾。如果打造干栏建筑风格只局限在新建中，会导致旧屋难以更新，居民因无法改善居住品质而不满，这一矛盾迫切需要政策层面对旧屋保留、修缮进行立法保护、政策补助，并拓展传统匠人生产生存的空间，对旧屋"轻度修复""修旧如旧""保护外观+装饰室内"等改造方式进行推广宣传。同时将设计引智下乡，为广大农村居民提供更多自建方案与思路，在满足居住品质的同时延续传统风貌。

四、木屋上楼现象

鄂西某村落整体更新，所有老房子均被改造（图 8-2），这种改造方式在学术界被称为"木屋上楼"。在实际生活中，当老屋的建造面积不足，屋主需要增加房间、改善居住条件，同时又想保持传统木构风貌时，便用木料将屋顶层建造为传统穿斗架样式。"木屋上楼"使干栏木构的风情在现代生活中延续，不失为一种折中主义的办法。

---

① 数据为笔者根据中华人民共和国国家民族事务委员会官网、湖北省文化和旅游厅官网、湖北省住房和城乡建设厅官网整理所得。

② 当地有的知名传统村寨已被破坏，如坪坝营马家沟王母洞民居、高乐山团坡水井坎，坪坝营走马岭娄家院子、清坪泗坝二道水李家大院等处。

图 8-2　鄂西某村落整体重建情况

　　有很多工匠和村民在新屋建设中积极创新，底层采用钢筋混凝土框架结构，最上层仍然使用木结构（有些来自自家的老房，图 8-3）。顶层加盖走栏和丝檐，外挑檐廊，对传统样式和木构做法进行了某种沿用，这些做法有一定民意基础和示范效应，值得进一步完善。但仍有一些村落不惜拆掉尚可使用的老木房，大规模地推广"新吊脚楼"。

图 8-3　木屋上楼

　　从全局性与历史性的视角来看，今天很多鄂西吊脚楼大都不是原汁原味的传统民居，这也无可厚非。任何事物都存在流变与发展的普遍性，但很多所谓的新式吊脚楼只是在外表上保留了建筑肌理，外观看似继承了吊脚楼的特征，但内在已完全变了味。我们的保护究竟是保护了一个吊脚楼的外皮，还是保护吊脚楼的基因？

第二节　风　貌　变　异

近年来，风貌变异问题在恢复民族干栏风貌的旅游造景中尤其严重。吊脚楼成为外在的易辨识的标签"符号"，显著特征就是"架空""悬吊"。那么这些重建的干栏风格是否会与传统民间营造的原生态审美探求相互背离？是否是一种"变异"？

事实上，在当下盲目的创新口号下，所谓的"新景观"本质上是抄袭复制的商品，有些甚至指鹿为马、打着创新的旗号胡编乱造。需要反思的是，在"视觉愉悦"远甚于"思想考察"的虚妄的造景运动中，在忽略了当地居民生活方式、文化观念、传统习俗的情境下，传统营造意义何在？如果不能深究和体会地域本源性、主体性的建造技艺及其背后的思想，仅对造型语言进行一种所谓"现代""景观"化的形式理解，以讹传讹、抄袭与错用现象就会愈演愈烈。例如，鄂西某地推出一些仿古风格的样板房，这些建筑设计与农村仿古自建样式大同小异，并未体现出鄂西独有的传统特色。鄂西传统民居的风格样式、构造手法及其背后深厚的匠造文化尚未得到应有的挖掘，地方实践仍缺少精细的调查研究，在保护、传承等方面尤其缺少专业人员。如果没有精准的分析，即便有财政投入，也会为开发建设、风貌保护带来风险。在当前商品化、旅游同质化时代，在新建筑中常常出现误用混用中西部地区其他干栏建筑风貌、风格割裂等问题。

在建筑风格问题上，现代建筑体系与传统木构完全不同，材料、结构都有本质区别，如果将这些新材料和新结构框定在某个标准风格下则会造成十分生硬的视觉效果。新建筑要有创新设计，更应该考虑建筑成本问题。如果盲目借用木构进行仿古，仅"穿衣戴帽"、生硬照搬，不符合实际比例、结构，不考虑实用性等，只能费力费财。

一、立面化妆

20世纪90年代，鄂西很多乡镇曾经进行过一些吊脚楼美化工程。风貌美化工程渗透到很多沿路的民居，如在传统屋脊上增加一条高约20厘米的白色瓷砖装饰线条（图8-4）等，这些村居风貌的设计大多数模仿城市建筑外观装饰美化修边的做法，忽视了本地工匠传统的手工之美，本质上是一种没有自信的盲从。这些工程往往具有短期性，追求立竿见影的效果，无视当地民居的真正特色，这种工程+美学的肤浅理解，会加速破坏"原生态"的村寨风貌。

图 8-4　统一在屋脊上装饰一条白线

深入了解当地建筑与习俗文化，便会知道民间对于吊脚楼通风性的需求，通透性、半开放性是干栏建筑历经千年的审美习惯，其空间中产生的哲学命题与审美价值是不言而喻的。

在宣恩县彭家寨老寨整修工程中，一栋老旧木屋的山墙木板壁面焕然一新（图 8-5），却出现了一个问题：最开始修建这个屋子的传统木匠设计了较为密的穿排，上下穿排之间留有多个横向的小空隙，木匠称为"亭空"，意思是类似亭子柱网之间的空隙（亭子本就是通风纳凉所在）。当地木匠并不会封上"亭空"，因为不仅费材费时，更不利于顶楼的通风、采光。在整修工程中，这个木屋所有的"亭空"均被木板封上，封得十分"整齐美观"，但这种做法实属画蛇添足，不仅违背了民居建造传统和生活功能需求，传统干栏的建造文化与审美意义也不复存在。

图 8-5　所有板壁封后严重妨碍通风功能

二、挑、瓜滥用

在宣恩县旅游打卡的热门景点墨达楼，悬瓜吊柱被大肆滥用，任意编排、屋面变形、檐角夸张（图 8-6、图 8-7）。

图 8-6　瓜柱变成挂灯笼的装饰品　　　　　　　　图 8-7　瓜柱被滥用

　　咸丰县唐崖镇沿街建筑景观改造工程，旨在对集镇沿街原有的钢筋水泥外墙进行干栏风貌的美化，但这些装饰语言存在明显的错误，表现为对鄂西民居元素的随意拼凑和错用。

　　在鄂西某民居（图 8-8）可以看到，屋檐角相交处起翘（当地称"搬爪"）的传统经典构造是用一个弯曲的大挑 45 度角承托两根弯檐檩和一根略微弯曲的龙骨，这是一个十分简洁的支撑体系，并不需要多余的支撑结构。而在该改造工程案例中，为了添加起翘的檐角，所有屋檐下均加入了装饰的瓜柱。这些悬瓜只是一个个简单复制的装饰品，没有挑枋的结构功能，反而增加了荷载重量。

图 8-8　仿古的檐角与鄂西厢房檐角原貌

　　此外，改造工程中所有的挑枋均为直角枋。之所以会出现这样的设计，是因为抄袭其他地方的图纸。弯挑制作要求精准，复杂费工，很多仿古工程设计畏难就简，敷衍了事。在鄂西传统干栏建筑构件中，挑枋大多为有弧度的弯起状，以此解决屋檐檐部的翘檐、滑瓦和沉重的问题。鄂西穿斗架自成体系，斜撑并不属于当地的排扇结构语言体系。自然弯曲形态的挑枋生长结实，既能够解决工程荷载、受力等问题，产生屋面（水面）的造型变化，又可以使整个排扇体系的穿插衔接一体化。体现出传统匠师对工程和美学更为独特的理解。同时，弯起的挑具有个性十足的自然美感，使各种木料得到充分利用，具有生态价值。

在鄂西民间还有一种加大屋檐出挑距离的经典构造，当地称之为"板凳挑"，下层一个平挑，挑上一平板，像个板凳。上立瓜柱，穿插一个大挑，可将屋檐支撑两步水之远。当地对这个构造另有美称——"白马亮蹄"，犹如一匹骏马前足高高跃起，具有向上飞跃的美感，极富浪漫画意。笔者在来凤县某村所拍摄的板凳挑（图 8-9），"白马亮蹄"的"蹄"的就是瓜柱脚的造型，外面雕刻像个镂空的灯笼，内部含一木球。水平的"板凳"上的瓜柱与下面的"平挑枋"故意错开，宛如工程杂技，显示出一种亭亭玉立、精准平衡的美感，让人感叹匠人的手艺之精。由于上部两步水的弯挑与柱内穿枋是一个整体，这一节点的结构设计具有一定的灵活性与可变性。

图 8-9　传统板凳挑（左）与板凳挑的变异（右）

但是在唐崖镇沿街外立面景观改造工程中，板凳挑下加入了三角斜撑。这早已不是传统的板凳挑。所有屋檐下均大量使用半截悬瓜进行装饰，触犯了当地的文化禁忌。从结构合理性来说，楼枕（楼板梁）不能直接搁置在穿枋上，均应插入柱身，以形成立体穿插。若瓜柱没有落在一穿，不承接楼枕，便成为"跑马瓜"。杨云坐师傅曾告诉笔者，在鄂西住宅使用"跑马瓜"是不吉利的，且仅限修庙使用。"瓜柱"有瓜瓞绵延、多子多福的隐含意蕴。笔者借民俗语义分析，"跑马瓜"孤悬导致排扇下部空虚，远离下部梁枋，即违反了"接续""连绵"之义（图 8-10）。

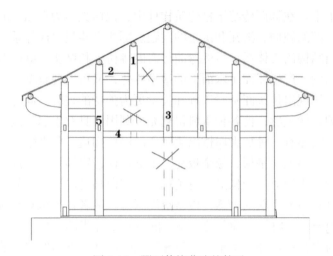

图 8-10　鄂西传统营造的禁忌

注：1. 跑马瓜；2. 花穿；3. 中柱不落地（骑梁空洞）；4. 一穿（硬穿）；5. 楼枕

三、旅游造景

鄂西的旅游造景中，虽然初衷是保持传统吊脚楼的造型特色，但由于传统工艺的流失，更多是一些流于表面的仿古痕迹。例如，鄂西某县在城区打造的墨达楼，投资巨大，体量不凡，依山就势，层层叠叠，飞扬起翘，这个建筑群落却有着很大缺憾之处——在飞檐翘角的内部构造中，看不到一个原汁原味的翘角挑，没有了弯檩，建筑采用平檩与类似于江浙地带常用的戗木构件来完成（图 8-11、图 8-12）。

图 8-11　墨达楼的飞檐翘角

图 8-12　"变异"的翘角挑

这些仿古建筑的屋面采用的并不是土家族干栏的屋顶样式，而是典型仿古的"歇山顶"（图 8-13），四角起翘，与鄂西土家族建房习俗严重不符，不是传统的"丝檐""衣兜水"造型。有些屋面的下部也不是走栏（吊脚的扦子）。

图 8-13　畸形的"歇山顶"

对于一个号称"地域性风格"的大型复古建筑群，这种并不纯粹的样式设计实属不应该，虽然只是商业建筑，但城市旅游对它的宣传会误导大众，人们对其"真伪莫辨"，便是对真正的地域和民族特色的破坏。

单一盲目的历史街区空间造景和快餐文本，不能形成正确的引导合力，难以抓住文化旅游的本质，反而会对传统地域文化造成伤害。我国城乡差异和地方文化流失现状，尤其需要对传统营造、传统民俗正本清源，也亟待大量设计的批评和引导，以弥补目前我国旅游景观建设"见物不见人""给我一天，还你千年"等文化短板和短视问题，从实际出发有效推动传统文化遗产的保护与再利用。

当下的各种"创新设计"常常打造一些时髦而空虚的概念，通过某种标新立异的噱头，"博眼球""赚流量"，以至成为"打卡点"。彭家寨新景区自建成以来就是作为传统吊脚楼的创新设计案例来宣传的。在老村寨所在地，河流的对岸，一个高大的钢结构塔楼赫然显现（图 8-14），建筑师在此增添了现代建筑美学的趣味，希望它作为一个创新的形态设计，以垂直高塔的造型与原始的村寨形成一种对比。但这种新建钢结构塔楼和土家族民居的关系在哪里？显然，居民是否接受这一新美学是值得怀疑的。

图 8-14　彭家寨的高层钢结构塔

在另一个创新的建筑中，建筑师采用了现代钢结构外立面+几个仿古门头的现代拼贴设计手法，这个仿古门头的造型其实来自吊脚楼的厢房（又称为丝檐）。很显然，建筑师希望用拼贴、对比的手法来展现"传统与现代"这一主题。

但如果我们仔细观察这个建筑，就会发现很多有待商榷的问题。比如，传统吊脚楼厢房楼下并不会装门，通常会全部架空，但是这里为了使玻璃门没有阻拦，整体视觉更加通透，对下吊柱做了简化。这种建筑样式不符合传统吊脚楼"模数""步水""柱网"等一系列整体性设计规则（图 8-15）。

图 8-15　传统与现代的拼贴设计

在该建筑的室外和室内，均采用了吊脚楼的厢房样式，形成了隔着玻璃幕墙相互"镜像"的结果（图 8-16），这违背了建筑的基本原理，缺少形式生成的逻辑。

图 8-16 厢房丝檐部分的内外镜像设计

"丝檐"的制作也与传统技艺的要求有差距。

首先，这里的"衣兜水"并非鄂西干栏经典的缓曲屋面。仔细观察可以发现，这里并没有弯曲的檩子，檐口是直线型，仅仅是在檐角部分采用了垫木将檐角局部提高，这样的造型显得很拘谨，丢失了吊脚楼的风韵。

其次，步水问题。厢房的山面柱网是三柱二，也就是四步水（加一圈走栏两步水），然而在走栏外立面设计上，却是三块花格子栏板（图 8-17），形成了一种无法对位的关系。这种做法显然在传统营造中是不合标准的，违背了结构逻辑。厢房和走栏最基本的步水尺寸没有协调一致，应是设计师没有考虑周全，为了统一花格子栏板的大小、外观的装饰，出现"两张皮"的问题，里外无法对位。

最后，楼枕的设置不合理（图 8-18），违背了厢房楼枕的设置规律。按照传统营造法则，厢房与正屋是相互垂直的，厢房楼枕应垂直于正屋，而这里的楼枕却相反，只有三根外露出的长楼枕，受力不合理，显得也不和谐。

总结看来，这类现代设计并没有掌握传统营造的精髓，遵守传统设计的规范和原则，尽管外观看起来是一个"古建筑"，本质上这样的仿古工程已经偏离了传统营造的水准，更何谈为"创新"呢？

无论是传统民居的保护还是新式风格的设计等，往往局限于形式探讨。笔者从营造技艺、文化记忆等层面提出以上思考策略，以期将形式表象问题还原到其根植的具体技艺与文化传统之中；换言之，是将看似简单的、孤立的"物"的问题还原到"人"和"事"的有机关系之中。风貌复兴需要学界深入研究传统营造法则，针对地方实践的真正困境，调查、分析并提出解决方案。

图 8-17　生硬的"拼贴"立面　　　　　图 8-18　吊脚楼怪异的底部结构

第三节　正 本 清 源

　　2021 年春，笔者在咸丰县落马滩村一个老粮仓的卯口中发现了一个古老的鲁班锁（图 8-19），这个榫卯构件中还塞有一张宣纸条，宣纸条上角由上至下写着"修乡道"三个小字。

图 8-19　笔者发现的鲁班锁

　　从某种意义上讲，鲁班锁是工匠祖师的化身，它的打开方式似乎也是工匠传技教导的一种途径。这三字口诀让人揣度很久，笔者猜想其应是鲁班锁木锁芯的某种"编号"，"修乡道"有着劝人为善、造福乡里的意义，这些细微的技艺中往往蕴藏着人生的哲理和对生存意义的诠释。

一、木构为本

在鄂西乡村，山林资源丰富，普通山里人家，除了使用木材做房屋，从农用具、家具、交通工具到各种生活用具，甚至死后的归宿（棺椁）无不使用木材。各种木制品的发明与设计，都是劳动人民智慧的结晶。例如，"响捱子"（图 8-20）外圆内方，内部结构复杂精巧，造型朴素，使用时会发出具有仪式感的声音，既充分展示了工匠的聪慧，又体现了劳作的乐趣。

图 8-20　"响捱子"

木头是温润的，在生活中随处可见。木构技术有着强大的通用性，应用在木材上的技术都可以通用于建筑上[①]，建筑木构技术也完全可以应用于其他木作工艺上。这些木构建筑中的知识是理解中国传统造物文化非常重要的方面和必要的途径。

传统木构在当代社会中应用已经远不如昔。其中有诸多原因，有些是客观环境变化，如木材的缺乏；有些是社会需求变化，如时代潮流的价值取向。但传统干栏固有的合理性和技术优势、特有的地域文化基因，仍然是极有价值的。纵观建筑发展的历史，可以发现，传统干栏民居仍然存在进化的空间。干栏木作在武陵山地区依然有着很强的生命力和适用性，一些大山里的人家盖新房仍会请匠师做吊脚楼。传统木匠并没有完全消失，但传统是否还会继续？朝什么方向发展？

_____

① 如木作结合工艺中绑扎法、榫卯法等。

物质条件和文化思想各种博弈，多方面因素较量和平衡，并非只有一种答案。

干栏木作的生命力还体现在设计的灵活性。大量穿斗式干栏木构民居的新建往往并不是重新开山取材，而正是通过对陈旧垮塌的老屋木构的灵活拆卸来实现建筑空间的再次重构，这也是对环境变化的不断适应。其中，灵活自由的空间布局、弹性化的连接节点，赋予这种民居活态可变的建造张力，体现了生态循环的文化观念。

尽管今天全木结构建筑逐渐远离现代人居，但是仍然可以通过具体设计进行有益的补充，如发展混合或嵌套的结构，使木结构仍然能在局部、在某些近人尺度里体现和保留，从而重新唤醒传统营造文化的记忆，激发现代人的创新精神。同时，通过现代的设计方法和先进科技来帮助传统木结构形式在日常应用中改进，提高其舒适性和便利性。

在干栏木作主题的建筑遗产传承的过程中，涉及具体的传统技术与工艺，是建筑遗产不可或缺的重要组成部分，对当代建筑工艺创新的深层面研究、传统文化机制等方面的研究均有很大的拓展空间。对建筑遗产的地域性探讨虽有成果，但是需挖掘的领域还很多，如何使工艺遗产永续传承，成为我们当下面临的紧迫课题。

宣恩县第一粮库（图 8-21）位于县椒园镇的公共厂房内，厂房中共坐落有三栋大粮仓，编号分别为 01、02、03。其中，01 号粮库面宽 20 多米，进深 30 多米，楼上下共两层超大储粮空间。该粮库内部主体结构为木结构，外部用厚实的石墙砌筑，起到了良好的防护作用。屋顶的样式为重檐，既非歇山也非庑殿，是一种简洁的双层四坡屋面。典型的现代建筑外观，外表为砖石结构大屋，内部结构采用了传统的南方穿斗结构与现代工业木桁架两种结构方式的混合体系（图 8-22），形成了较大跨度的中庭空间。

图 8-21　宣恩县第一粮库　　　　　　　　　图 8-22　内部构架组合

一楼设置"工"字形走道，二楼设置天井回廊和天桥（图 8-23），形成楼上下共享的中庭空间，用长扶梯沟通上下双层空间（图 8-24），功能流线十分简单明了。

图 8-23　天井回廊、天桥　　　　　　　　图 8-24　上下双层回廊空间

该粮库是在 20 世纪 50 年代备战、备荒的社会背景下筹建而成的，展现了传统干栏木作结构技术的新生命力。其采用直截了当的榀架样式，没有多余的装饰、造型。屋顶采用双层屋檐，线条平直，简洁明了，内部空间简洁大气。为适应粮食储备的功能需求，该建筑在通风、采光、干燥和耐腐蚀等方面均设计得非常合理。内部以干栏吊脚的形式将全木结构的仓廒架空起来，仓廒的设计采用灵活的横向木板形成井干式结构（图 8-25），坚固耐用，如有破损，可灵活更换，并用 3 尺高的石墩作为基座，加大它的通风效果。

老粮库的柱网设计排列井然有序，以标准化的较大步水（均在 1 米以上）间距进行全屋的布局，整个建筑内部呈现出高度模数化的特点，整个室内的空间布局便于仓廒的管理分类。

该建筑在构造细部设计上大量使用"榫卯加金栓"的传统做法，榫卯穿插的关系与制作造型简洁易懂，金栓的使用使建筑构件的拆、移和重组有了可能性，使建筑具备了灵活应变的能力；三角桁架处理模仿钢结构的设计原理，加入了一些木制的辅助构件，这些节点的设计更加方便高效，可迅速拆装；沿石墙体内部形成一圈紧贴墙体的内回廊，也就是双重套筒的保护结构。

　　檩架设计尤其具有传统民居特色，在房屋的内部中心横切布局标准檩架，在前后两侧加入"拖水"①，对檩架进行延长，使空间容积进一步扩大（图8-26）。檩架的居中处省去若干柱子，围合成一个天井院，有利于工人楼上楼下交流合作。仓廒顶部铺设楼板形成二层宽阔的大回廊，便于施工和管理。

图 8-25　仓廒的设计采用井干式结构　　　　图 8-26　"拖水"处理手法

　　该建筑功能设计合理，造型继承了干栏建筑的特色，融合了多种现代技术特点，细节设计考虑周全，没有漏洞。虽然是一个木质粮库，但至今仍然处于高效使用状态中。

　　从宣恩县第一粮库案例中可以看到中华人民共和国成立初期的民间工匠是如何将传统干栏的营造技术应用于工业现代化生产中的，他们已经不自觉地突破并创新，体现出功能主义的时代特色。传统的干栏营造技艺如何生生不息？这是一段不应被忽视的重要的干栏民居演变发展史，具有十分独特的价值与意义。它显示出传统干栏技术强大的演绎融合能力，提示当下人们应该善用传统，巧于创造，让其再度焕发新的生机。

二、工匠精神

　　在鄂西传统社会中，匠人的地位较高，普遍受到尊重。"神听祖师，人听匠言""七十二行，巧不过木匠"（鄂西谚语）。其中，木匠是各种工匠的代表，是一个十分庞大的群体，千百年来代际传承进化，无数人的智慧凝结其中，传统建筑工艺由于建筑本身的集合性，更是体现了传统文化的精华。

　　这些建造工艺所体现的思维方式、价值观念和营造行为准则，流传的匠歌、匠诀，营造过程等，是全面认识建筑遗产价值的基础。工艺技能是工艺传承的基

---

① 增加步水，延长斜坡屋面，以增加使用空间。

础，是工艺水平的直接表现。工艺技能的提高和工艺技术的改进有不可分割的联系。工艺客观地存在于工匠的行业环境，而行业环境与社会、经济、文化有着直接的关系。

随着传统工匠赖以生存的行业环境的恶化，工匠队伍锐减，现代交通发达带来了高速的技术传播，工艺模仿加速，工艺技能评判标准的模糊，工艺的地域差别在减弱，生活审美情趣变异，加上整体上缺乏行之有效的传统建筑保护措施和策略，原创性的建筑工艺面临失传的严重危机。

尤其可惜的是，这些传统营造智慧，或被"弃之如敝履"，或被误读曲解。传统营造的"整体表现方式"变为材料、构造、构件、形式等部分因素的拼凑，或被所谓现代的创新任意搬弄时，往往造成对历史传承、对当下教育不可弥补的损害。

以现代建筑学眼光误读古代营造，往往是基于现代学科分类的知识体系，将工程与人文分离，对营造文化简单化理解，在学习和总结操作技术与理论上顾此失彼，是当下营造工艺与技术研究容易发生的倾向。只重视营造技术会看不到传统营造过程中设计与施工的密切关联，无法切中要害。只看到营造技艺的过程和表象，便无法理解其内在的营造思维与精髓。只重视已有的理论依据就可能无法深入阐释地方营造的特殊性，必然会造成对营造技术、工艺理解和研究上的不确切乃至错误，进而造成对区域营造手法的误判，因此，我们必须向匠者去讨教，了解其营造的思路，认识营造的做法——匠技，了解其个体与师承的技艺特色——手风（习惯做法），明晰其帮派特点——匠派，进而才能比较全面地了解其营造行为和乡土建筑形制的成因。以往的研究成果固然抓住了干栏民居研究的重要方向和内容，但在体系层面的建设上，视角显得单一，缺少从宏观领域涉及大范围地域视角的营造技艺比较研究，也缺少工匠与当地社会互动关系及营造影响的整体性研究。

当前很多地方对传统工艺保护已经形成了共识，但仍然需要推出更多的励匠机制。对工匠情况的调研是非常重要的基础性工作，内容包括工匠队伍的体系和派别调查，工匠的社会大生存环境、地域小生存环境调查，以及濒危传统工艺的抢救方法、失传传统工艺的追溯探究，工匠队伍的培养、行业的培育等。

工匠生存现状问题是当下应该关切的重点，如果当地工匠不再传承传统技艺，或者干脆转行，这些非物质文化遗产的继承将面临极大的危机。多年来，社会环境变化对工匠和工艺的影响是非常显著的，传统文化的断裂现象较为明显。熊国江师傅就是一个典型个案，20世纪90年代后期鄂西的高架活路逐渐减少，熊国江师傅从做木房子转为做木家具，如八仙桌、条凳等，仍然使用传统的榫卯工艺制作。他一方面继续使用传统工具，同时采用很多新的机器设备，加快了工作效率，降低人力成本。之后熊国江师傅专门做寿方（棺材）[①]，这一门生计已经持续了 10 多年。近 5 年，熊国江师傅放下手中的生意，多次到武汉、恩施等地学习传统大漆工艺，将大漆的优势与木作结合，制作的寿方工艺精细，档次多样，深受当地群众认可；他还制作大漆家具，收入渐渐丰裕稳定。熊国江师傅对当前的状态十分满意，逐渐获得稳定的业务来源并组建了自己的工作团队。

基于这些个案逐渐汇聚便可以初步了解当代工匠的市场适应情况，对当下工匠生存现状提出建议，如何设计一套整体的激励机制，从政策、待遇、招徒、授业、工作范围、工艺传播、工艺记录、技能等级晋升等方面形成一系列配套方法和措施，探讨一套行之有效的工艺传承应用体系。其中有几点比较关键。

首先，要为更多的传统匠师提供施展才能的机会，如本地古建项目尽量雇用当地匠师施工。当地政府应发掘具有地方特色的传统营造项目，加大宣传力度，供人参观游览。

其次，主导市场向民居保护和修复工程倾斜，给予投资民居旅游开发项目优惠，促使传统技术在市场的作用下"活"起来。

除了政府，还应有不同的主体参与。保存和发扬民间非物质文化遗产最终还需依靠民间自生的土壤，培养一批既具有传统技艺，又能适应现代市场的新型工匠。学术机构也应和民间合作才能开展更为深入细致的乡土研究，为民族文化保护政策制定提出科学的参考依据，地方在法规的制定和政策监管上仍需进一步完善。

三、文化自信

在人才培养方面需进一步改革。现代高校建筑专业教学大多由西方现代教学体系主导，很多不掌握传统知识体系和本土话语权。高校培养的专业人才应成为非物质文化遗产保护未来的主力军，但是目前高校的教学存在着一定的误区。总体而言，对传统营造知识和技艺学习大多深度不足，浅尝辄止，有些甚至十分肤浅，这种状态反而容易造成对传统的误读，对传统的传习有害。

近年来笔者在教学上倡导"手工艺进课堂"，将手头功夫开设于多门相关课程中，如在常年教授的"建筑制图"课程中大量引入本土传统民居制图的内容（图 8-27）。同时，教学要求加强学生当场手绘、测绘、尺寸估算的专业能力，如对照照片和现场少量的测绘资料还原一套建筑的测绘图（图 8-28），抓住有限的考察时间获取关键信息。在建筑构造课程、景观建筑课程中普及本土的建筑知识，激发学生热爱家乡的情怀和学习兴趣。在学生毕业设计中提倡传统民居改造或者

---

① 棺材，鄂西称为"寿方"。谐音有"升官发财""长寿"等意义。

创新设计的课题，并与武陵山地区的村镇交流、联系，提供专业服务的同时增加学生在地研习的机会。

 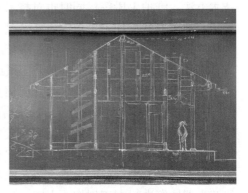

图 8-27　笔者在建筑课堂上讲授鄂西民居
图片来源：孙悦拍摄

图 8-28　测图示范

笔者长期延请鄂西、湘西等地 10 余名传承人[①]（图 8-29）参与到课堂教学，在世界遗产唐崖土司城、永顺老司城、来凤舍米湖摆手堂、龙山捞车河等地建立了实践基地，并在世界遗产唐崖土司城、清坪"土司部落"研学营等地长期开展固定教研活动，进一步深化民族建筑研究；提倡田野调查研究与教学相结合，与广大乡村的多种类文化遗产保护、传统技艺传承等重要的现实意义相结合，促进少数民族传统村落生活样态的整体性保护；教学和研究坚持"活态""活学""活化"的核心概念，拓宽应用思路，跨学科、跨行业进行创新性教学，以让更多的人了解并关注传统技艺，从而发动更加广泛的社会实践参与。

图 8-29　传习所土家族吊脚楼营造技艺代表性传承人授课
（左一：谢明贤师傅；左二：姜胜健师傅）

[①] 如李光武、谢明贤、熊国江、姜胜健、刘安喜、王清安、陈忠宝、杨佳奇等优秀传统匠人。

　　在实践方面，笔者长期持续性地进行田野考察，对武陵山不同特色的代表性匠派体系进行了工艺的整理与总结，包括不少濒临失传的特色工艺、营造程序、技术方法、维护手段等；同时也对技术更新进行了观察和研究，包括建筑材料的运用，加工器械或加工工具的更新情况。笔者尝试利用先进的音像技术和手段，收集建筑技艺遗产数字资源。通过多年的努力，尝试将相应的工匠口述内容进行方言编译、总结归类、存档保护乃至最终形成可供实施的完整教学方法体系。

　　笔者近年来多依托校地联合开展相关活动。一是策划"干栏建筑创意大赛"，引导高校教研和社会服务创新；二是结合地方传统技艺的保护需求申请专项支持，如国家艺术基金 2019 年度艺术人才培养资助项目"鄂西土家族吊脚楼传统工艺传承与创新设计人才培养"，以"融汇+创新"为原则，吸纳专家、非物质文化遗产传承人进行授课交流，招募职业设计师、年轻的地方工匠、高校教师、研究生群体等进行交流创作。大家一起讨论乡村建设，研讨新技术应用，"立排扇""说福事"，一起体验集体劳动，分享共同创造的乐趣，促进专业互补与协作，不断促使传统营造技艺发挥更大的潜能。

　　当越来越多的不同专业的学者、不同行业专家、本地乡贤、外来的乡建爱好者认同传统营造技艺的魅力和价值，积极耕耘实践，就可以不断碰撞出创新的火花，激发传统营造技艺的活化与再生产。基于此，每一位参与者都怀以深深的热爱和信仰投入实践，去体会一种社会精神和价值认同。正如工匠的口诀、手中的五尺、上梁的福事、抛酒的梁粑，它们体现着人们对故乡、家园营造的尊重和参与精神。

　　我们需要协同传统与现代，守正创新，将传统工艺中重要而珍贵的知识宝藏延续传承下来，让古老的干栏建筑智慧流传下去，只有这样我们的子孙后代才能够有机会去读取和体验这些知识。我们应不断打破以往对传统营造知识的理解局限，增添新的智慧，使传统和现代营造方法体系之间碰撞交融，使传统知识的结晶服务于未来的社会、更多的人群。

麻柳溪论坛

2019年7月5日，"吊脚楼的文化传承与民族村寨建设"——麻柳溪主题论坛，在湖北省咸丰县黄金洞乡麻柳溪村会议室举行。该论坛旨在振兴吊脚楼的传统工艺、保护特色村寨、培养民族建筑创新设计人才。来自湖北、湖南、四川、江西、河南、江苏等多个地区的高校教师、硕士生、博士生、设计师、非物质文化遗产项目传承人、民间工匠等40余人参加了此次论坛，结合项目主题分别从多个行业视角进行论述，就吊脚楼的文化传承与民族村寨建设做了富有建设意义的探讨，大家分享了各自独到的见解与思考。

该论坛是国家艺术基金2019年度艺术人才培养资助项目"鄂西土家族吊脚楼传统工艺传承与创新设计人才培养"的专场学术活动之一。该项目以弘扬民族文化为宗旨，通过90天的教学研究等系列活动，以期补充与完善民族建筑的人才培养体系，应对当下对吊脚楼营造技艺保护、传承与创新发展人才培养的需求，激发中国建筑与艺术教育的新思维，助力传统工艺的振兴并弘扬工匠精神。

该论坛得到了业内多位权威专家、领导的关注。住建部科技司、外事司原司长，中国民居建筑大师李先逵教授专门致函，认为论坛不仅对鄂西土家族吊脚楼文化加以总结提升，还对传统工艺的保护传承弘扬具有积极作用，对该地区少数民族特色村寨、优秀传统建筑和乡村建设有着直接的推动作用，符合当前时代发展的需要。论坛还邀请到了《建筑学报》特邀编辑、北京工业大学胡惠琴教授，恩施土家族苗族自治州博物馆研究员朱世学、咸丰县文化遗产保护中心主任谢一琼等专家，以及非物质文化遗产项目土家族吊脚楼营造技艺代表性传承人谢明贤、姜胜健等。

该论坛由赵衡宇主持。师生学员就麻柳溪村的发展与规划做了富有建设意义的探讨。多位学员在实践成果的展示环节介绍了自己的作品，并对麻柳溪村的乡建问题阐述了自己的观点。青年学者武瑕、史萌等介绍了自己的科研论文和研究成果等；长沙华蓝集团副总工程师黄泽斌介绍了橘子洲景观建筑对干栏的理解，分享了自己的设计心得；武汉的室内设计师唐敏、河南洛阳的室内设计师熊文印，通过当代与传统风格相融合的建筑室内设计作品，表达了设计唤醒乡愁的愿景；设计师李亮介绍了其代表作恩施州咸丰县二仙岩湿地悬崖酒店，提出了新一代吊脚楼聚落的构想。这些成果各有特色，都显示了专业设计师长期的思考与丰厚的积累。

与会者不仅提出了很多构想与概念设计，还涉及当下乡村很多迫切要解决的问题和难题，学者发言富有建设性。研讨会的相关成果和观点得到当地乡镇府的关注和重视，20余位教师学员被清坪镇政府、黄金洞乡政府聘为咨询顾问。

光 谷 研 讨

　　2019年9月23日上午，国家艺术基金2019年度艺术人才培养资助项目"鄂西土家族吊脚楼传统工艺传承与创新设计人才培养"结项作品研讨会在武汉光谷美术馆隆重举行（附图2-1至附图2-6）。

　　研讨会邀请到了全国知名专家、中国建筑学会建筑史分会会长高介华教授，中南民族大学美术学院罗彬教授，武汉设计之都促进中心特别理事、武汉工程大学邱裕教授，深圳大学艺术学院洪吴迪博士，湖北大学叶云教授，中国国际工程咨询集团武汉分公司副总经理施波先生，中南民族大学周少华教授、方兆华老师，苏州工艺美术职业技术学院丁俊教授，武汉工程大学建筑系徐伟副教授，非物质文化遗产项目土家族吊脚楼营造技艺代表性传承人刘安喜师傅、熊国江师傅、万桃元师傅等，以及新华社、《湖北日报》、武汉电视台、《华中建筑》杂志社、《建筑与文化》杂志社等多家媒体到场采访。

　　与会专家与全体学员一同参观了结项作品，专家们纷纷给予高度评价。随后在光谷美术馆报告厅举行了结项作品研讨会，研讨会由项目负责人赵衡宇主持。高介华教授首先发言，强调了该项目对于保护传承吊脚楼营造技艺、培养创新发展人才、推动传统工艺振兴的重大意义。

　　专家对《老朝门》《核桃圆记》等多个作品给予高度肯定。用旧木料改造的小朝门和茶台、废弃残破的木窗花经过修复上漆，又都以精致的姿态重回日常生活。这几件改造作品对农村废弃建筑的再利用起到了非常好的示范作用。邱裕教授表示创意改造让吊脚楼构件工艺价值得到了延续和重生。专家对学员的创新作品和创作思路给予了高度的赞赏，认为吊脚楼工艺传承后继有人。

　　学员代表龙金生介绍了自己的作品《吊脚涅槃》，该作品对传统伞把柱进行了重构，创作出新，该作品得到了一致好评。

附图 2-1 展览现场（一）

图片来源：霍达拍摄

附图 2-2 朽木新生之草坊

图片来源：刘薇拍摄

附图 2-3 瓜柱挑的类型研究

图片来源：武瑕拍摄

附图 2-4 展览现场（二）

图片来源：刘薇拍摄

附图 2-5 展览现场（三）

图片来源：刘薇拍摄

附图 2-6 瓜柱系列

图片来源：武瑕、史萌制作、拍摄

附录三

还 乡 巡 展

    2019 年 10 月 6 日，国家艺术基金 2019 年度艺术人才培养资助项目"鄂西土家族吊脚楼传统工艺传承与创新设计人才培养"成果巡回展走进恩施州来凤县，开启了鄂西巡回展的首站（附图 3-1 至附图 3-5）。此次展览的主题是"还乡"，项目负责人赵衡宇表示，将具有民族建筑文化魅力的非物质文化遗产创新作品带回鄂西展出，以期弘扬武陵山干栏木作文化、村寨文化、工匠文化，推动土家族吊脚楼营造技艺这一非物质文化遗产在当地的传承与保护，唤起人们心中的"乡愁"，感受匠心之美和家园之美，让古老的吊脚楼营造技艺在新时代激发出新的创造力与影响力。

附图 3-1　来凤县文化馆展览现场图（一）

图片来源：刘薇拍摄

附图 3-2　模型展览现场图

图片来源：刘薇拍摄

附图 3-3　来凤县文化馆展览现场图（二）

图片来源：刘薇拍摄

附图 3-4　来凤县文化馆展览现场图（三）

图片来源：刘薇拍摄

附图 3-5　利川市展览现场

展览展出 35 名学员的百余件作品，涵盖建筑民宿设计、室内家居设计、装饰工艺品设计、文化创意产品设计等各种类别，其中不仅包括制作精巧的全榫卯结构的吊脚楼模型，还有很多具有吊脚楼特色元素的家具、民宿设计、产品创意设计等。有的作品提取或融合了吊脚楼营造技艺和造型特征，令人回味；有的作品聚焦传统工艺的活化，探索设计时尚和前沿态势，呈现出现代美学元素，令人耳目一新。这些作品精彩地诠释了该项目对土家族吊脚楼传承与创新的主题，展现了丰硕的教学成果和学员别出心裁的创造力。

在湘、鄂、渝三省市交界处的鄂西来凤县，展览打破以往封闭空间中的展陈方式，采用亲民的露天展陈形式，让展览走进群众中。为了让参观者更好地理解展览内容，多名学员全程义务充当讲解员，为参观者讲解吊脚楼传统知识和创新设计应用的新思路。展览期间，每天参观群众超过千人，各年龄段参观者长久驻足，向现场的讲解员积极学习、询问。

展览的高水平和高质量也吸引了鄂西与湘西的来凤县、咸丰县、龙山县两省三地的一大批民艺专家前来观展。其中有国家级、省级工艺美术大师，国家级非物质文化遗产传承人，以及当地的文化馆、工艺美术协会、非物质文化遗产传承中心等机构的专家和负责人，他们对富有传统文化韵味的创新设计作品给予了高度评价，展览在当地掀起了民族建筑文化的一波热潮。

湖北电视台、恩施州电视台、利川市与来凤县的当地媒体对巡回展给予报道和高度评价，恩施州电视台晚间新闻做了详细的专题报道，认为这个活动对于传承吊脚楼传统营造技艺、培养人才、推动传统工艺振兴具有非常重要的意义。

2019年10月中旬，利川市文化和旅游部门推出该巡展的第二站展览，于利川市中心龙船调广场隆重开展，观展人流量巨大，每天有数千人观展。当地将此次展览和非物质文化遗产教育和科普高度结合，一大批中小学校纷纷组织学生团体前往观展，让孩子们学习传统文化，培养他们热爱家园的情怀，活动获得了丰厚的文化价值和社会价值。

2019年11月2日上午，巡回展走进有着"土家族吊脚楼营造技艺之乡"称号的恩施州咸丰县，并与咸丰县文化馆共同举办了"第二届吊脚楼及衍生品模型制作大赛"。大赛由咸丰县文化和旅游局党组成员李爱民主持，赵衡宇教授担任大赛主任评委、宣布比赛规则和评分标准，咸丰县文化和旅游局党组书记、局长谈文才致辞。评委们经过一上午的认真评审，从作品结构、作品美观程度、作品立意、作品制作技术、吊脚楼核心元素应用等方面评分。谢明贤作品《一正两厢房》获一等奖；熊应才、黄俊、李贵华的作品获二等奖；李挺、刘薇、陈忠宝、黄泽斌等的作品获三等奖。这些让学员对传承土家族吊脚楼营造技艺充满了信心。

作为"还乡之行"，展览后续在武陵山其他地区继续展出，展示了创新设计人才培养的成果，也继续释放着民族传统文化的魅力。

学 艺 感 言

一、学员感言

我叫龙金生，来自鄂西来凤县，现在是来凤县思源实验学校的一名教师，非常幸运能来参加这次项目培训。在前后近 4 个月的时光里，我聆听了专业学者关于吊脚楼知识的精辟讲述，近距离地拜访了土家族吊脚楼传承工艺大师；漫步了中南民族大学的林荫小道，爬过鄂西的陡壁斜坡；品尝了大学的美味佳肴，喝足了咸丰的苞谷烧酒；攀登上了知识的双子塔，更翻进了吊脚楼的双层阁楼。

"美不美乡中水，亲不亲故乡人。"我出生在吊脚楼里，从小喜欢在吊脚楼的阁楼捉迷藏，坐在爷爷家神龛上扮佛，拿棍子敲掉叔叔家的窗花，更喜欢用刀去刻吊脚楼上的瓜柱。吊脚楼给我的童年带来无限乐趣。后来由于工作的原因搬离了家乡，但也一直关注着土家族文化——吊脚楼是我重点关注的对象。我不知多少次深入鄂西、湘西传统村落实地考察吊脚楼并现场写生，切实感受到了土家族人的勤劳朴实，同时更目睹吊脚楼所面临的困境——它被拆卸、推掉、随意修建。每当看到这些现象我只能暗自惋惜。

在本次培训中，我以吊脚楼的将军柱为原型、民间传说为突破口设计了一件主题性雕塑作品《吊脚涅槃》，为了设计这件作品我前后花费近 2 个月时间，走遍鄂西、湘西 20 多个村落，核准每一个部件的名称来源，认真画好每一组部件草图，最后亲手打磨制作。"善为至宝深深用，心作良田世世耕。"我将带着本次培训中所学到的知识回到家乡，静下心来为吊脚楼的传承与创新做出不懈努力。

学员：龙金生

认清了自己来时的路，找寻到了乡思的寄托。

我的家乡在恩施土家女儿会的发源地，那里山高水远，云淡风轻，层峦叠嶂的大山里，点缀着一座座吊脚楼——那是土家族人世代守护的家。正是这一栋栋承载着土家族人世代生活的建筑，使我们与自然和谐相处。儿时的惬意时光化作美好记忆，承载着我生活过往的吊脚楼群落仍驻守原地，未曾改变。离家远了，亦被新的生活羁绊，每次久别相见，吊脚楼一如母亲般温润包容，臂弯舒展，拥我入怀，只是每次再见，都觉得岁月对她又苛刻一分。离乡越远，乡愁更浓，我常常思索该如何将这份乡愁带在身边。恰逢此次学习，深入了解吊脚楼文化的整体脉络，更延展至民族文化的多样性和人类群居形态的认知，促使我开始思考，如何立足于这份乡思，着眼于土家族文化的传承以及树立中国传统美学的自信。

变化是人们生活习惯与需求的改变。我们在实地调研中看到了吊脚楼的变化，新与旧是无声的，但我们始终希望人们在这个空间中的生活状态是越来越好的。

感谢赵老师的研究分享和对我的无私指导，受益很多，非常感动。任何好的创新都是在对研究对象十分了解的前提下做出来的，这就要求我们必须深入了解土家族吊脚楼及其营造技艺，一分为三地来看它的优点、缺点和特点。只有这样才能有的放矢，真正做出符合时代要求和使用者真实需求的创新，而不是停留在想象层面夸夸其谈，自以为是，使创新浮于表面。

学员：唐敏

二、打油诗①

土家吊楼玄武连，青龙白虎左右边。前头朱雀正对面，天地人合成自然。
上下结构卯榫栓，四角开翘映云天。花窗栏杆表古点，大门两开进财源。

隔水登山放眼望，地家吊楼发瑞光。中南民大创先例，技艺培训造栋梁。

中南民大把头牵，引来龙凤步山川。土家吊楼咸丰研，鸳鸯交错认君观。
民族技艺敬鲁班，七十二行各秋千。卯榫结构加金栓，独有干栏可争艳。

两面山峰望不登，吊脚楼群河边生。上下数里步难行，风吹麻柳迎贵宾。
培训研究是苦活，翻山越岭步云波。吊楼石牌眼前过，民族艺术经路多。

---

① 摘录自万桃源、黄泽斌上课期间即兴发言的内容。

调研归宿麻柳溪，晚霞美景高峰立。吊脚楼顶接雾气，河边麻柳听猿泣。

六月高温制模型，汗如细雨头上淋。各行都有艰辛路，主体完工又装修！

土家建筑数千年，唯有吊楼实可研。转角复杂冲天炮，美观大方翘角挑，
传统结构四边挑，青山绿水把手招。

吊脚惊艳楼重楼，卯榫结缘名九州。飞檐翘角舞云天，推窗亮格美景收。
鲁班弟子挥斧头，自是千古有名流，劝君厢房睡一觉，清风明月乐悠悠。

中南民大创先例，模型群楼显霸气。鲁班在天若有灵，定称诸位师兄弟。
榫卯结构创比例，飞檐翘角显技艺。柱柱枋枋鸳鸯宿，民族文化添秀丽。

夜来雷声把梦惊，送君千里实难分。非遗传承有后继，好比南斗和北星。

土家建筑吊脚楼，工艺美观千古流。远看凤凰在展翅，近观美女在梳头。
左看狮子在打架，右观仙女在绣花。鲁班弟子胆量大，鬼斧神工造了它。

武汉三镇紧相依，长江数桥横东西。保护传承东风起，民大培训创奇迹。
土家吊楼世无敌，飞檐翘角显豪气。榫卯结构自然体，学员天才更为希。

旭日初升照东湖，碧水清波瑞气出。荷叶红花美景布，楚天工匠梅岑宿。

说 福 事

以下主要根据熊国江师傅回忆口述，笔者整理。

演杀

此鸡，此鸡，不是凡鸡，是王母娘娘赐我的，是头戴花冠、身穿五色襦母衣（五颜六色的衣服），别人拿去无用处，弟子做只掩煞鸡。我一掩天煞归天，二掩地煞归地，是年煞月煞，是一百二十四个凶神恶煞。是天无忌，地无忌，年无忌，月无忌，日无忌，时无忌，是弟子要鸡毛落地（百事顺利）。

发锤

夫耶，黑黑微微正吉时，虎到山林白鸟啼。天上金鸡叫，地下紫鸡啼。一不早二不迟，正是弟子发锤时。脚踏莲花木，手提七星锤。一声锤响透天门，万圣千贤总相依。上不打天下不打地，专打下界五等邪师。金锤响动，诸神护佑。凶神恶煞急速崩退，发锤已毕，上上大吉。

师父赐我一把金瓜银斧锤，我上不打天下不打地，是专打五方邪魔妖气。所有邪事来，我一锤打过去。起啊！起！起啊！

升梁

夫耶，木仙木仙，你是脸朝黄土背朝天，你一步飞在中柱上，千年不朽万年的发吉。

抛上梁粑粑

夫耶，是正月耕地不在仓，是三月四月是整田下秧，五月六月就摘起，七月八月就满田谷黄。是东君请客好耍儿郎，是吹吹打打迎进我这晒场。是黏谷晒了几百几十担，糯谷晒了几百几十仓，是东君不敢吃，匠人不敢尝。是落子出白米，是磨子出白浆，是糯米蒸出桂花香，是大木活做了几百几十对，小木活做了几百几十双。是东君不敢吃，匠人不敢尝，主家抛撒万袋皇粮。

上梯子

夫耶，我步踏云梯步步高，是手持仙术摘仙桃。我左摘一个是荣华富贵，右摘一个是金玉满堂，来了众亲戚与贵客，是福禄安康至永昌。我一步田园千百担，二步文武点状元，三步财神认亲戚，四步锦绣美华堂，五步五子登科，六步禄位高升，七步七仙子女，八步八大金刚，九步久长要远，十步就出状元郎。我手把主家一皮挑，主家儿孙骑红马挂腰刀；手把主家一皮穿，主家儿孙做高官；腾云驾雾踩梁头，主家儿孙做诸侯。

洒抛粑粑

夫耶，我是第一拿来敬奉天地，第二拿来敬奉鲁班，第三第四拿来敬奉老少，老的吃了是添福添寿，少的吃了是寿命天长。

后 记

　　鄂西土家族吊脚楼营造技艺历史悠久，是非常重要的非物质文化遗产。2011年，土家族吊脚楼营造技艺入选第三批国家级非物质文化遗产代表性项目。2018年5月，土家族吊脚楼营造技艺入选首批国家传统工艺振兴目录，这也是恩施州唯一一个入选的项目。如何让土家族吊脚楼营造技艺发扬光大，是有关传承与创新、转型与发展的一个重要课题。

　　有鉴于此，笔者深耕鄂西武陵山地区长达8年，深入田野调研，测绘古建遗存，与当地专家、群众深度交流，四处寻访匠师问道，更借由国家艺术基金2019年度艺术人才培养资助项目，凝聚社会的力量，将研究的影响扩大化，对鄂西干栏民居的文化价值和艺术魅力进行了广泛的宣传。

　　土家族吊脚楼彰显了手艺之美、匠心之美、创意之美及家园之美，如今对土家族吊脚楼营造技艺的研习也应该回馈乡土。作为还乡的"衣锦"，虽然还不够华彩，但是毕竟要回到滋养这一技艺的故土，以获得珍贵的养分，再度成长。

　　本书得以出版首先要感谢国家艺术基金的支持、湖北省文旅厅的帮助。感谢所有授课教师和所有的工匠师傅、业内朋友，感谢恩施土家族苗族自治州博物馆、咸丰县文化馆、利川市文化体育局、来凤县文化馆、武昌区摄影家协会的负责人和朋友。

　　感谢科学出版社的同志。感谢《建筑学报》《装饰》《建筑与文化》等期刊对本书相关内容的宣传和报道。

　　感谢项目组工作团队和志愿者们的辛勤劳动，项目组工作团队成员有刘薇、李贵华、霍达、武瑕、史萌、李挺、马港澳、高婷婷、徐英豪、郑雨心。感谢王政权、赵小露、黄梓朦等志愿者为项目培训付出的劳动。

赵衡宇

2022年12月于江夏黄龙山麓

───────————— **彩　　图** ————───────

茶盘上的转栏吊脚楼

伞把柱的创新作品

艺术基金展览现场

鄂西谚语：山高一丈，大不一样；阴坡阳坡，差得很多

来凤县"撮箕口"三合院，正屋落地，厢房吊脚

景阳镇全落地石板屋（冉家大院）

冉家大院堂屋

五峰土家族自治县湾潭镇三合院，由正屋、厢房和丝檐组成

咸丰县清坪镇"三多堂"，屋面型制为典型的"枕头水"

鹤峰县连续的"拖水"屋，形体变化层次丰富

来凤县大型三合院背后山体清秀，形似青龙绵延

土家族民居正屋构件图解

人间　堂屋　人间

1脊檩　2梁木　3龙牙细椎　4天夹　5灯笼枋　6看梁　7檐檩
8挂枋　9香火枋　10大门枋　11地门枋　12连檐　13香火板　14大壁
15衬方　16豁方　17神龛　18鹏雀口　19楼门　20耳门　21檐柱
22三金　23瓜柱　24中柱　25地楚　26一穿　27前挑枋　28二穿
29三穿　30顶穿　31脊瓦　32楼皮　33封檐板　34楼枕　35地枕
36阶沿　37吞口　38基座　39台阶　40院坝